建設現場の
ヒヤリ・ハット
事例集

熊谷組安全衛生協力会 編

労働新聞社

はじめに

　当安全衛生協力会では、作業現場の災害防止を一層推進するため、熊谷組と一体となって様々な安全衛生活動を展開しております。

　災害防止の要は事前に災害を予測し、危険を回避するための対策を取ることであると考えます。作業現場では、実際には災害に至らなくても、多くの作業者が作業の中でヒヤリとしたり、ハッと感じたこと、すなわち「ヒヤリ・ハット」を経験しているものと思います。ハインリッヒの法則で示されるように、1件の重大災害の背景には29件の軽傷災害と300件のヒヤリ・ハットが存在しているといわれます。また、このヒヤリ・ハット体験にはどこかに不安全行動（危険）や不安全状態（危険）が存在していることになりますから、今回はたまたま運が良くて怪我をしなかったけれども、同じような条件の下ではいつか誰かが怪我をすることになります。したがって、災害の背景にあるヒヤリ・ハット体験は潜在的な危険を回避するための貴重な情報源ともなりますので、これを関係者で共有し活用することは災害防止に大きな効果があると考えます。

　当安全衛生協力会本部は、会員関係者からヒヤリ・ハット体験を募集し、具体的な作業を進めてまいりましたが、このほど、「ヒヤリ・ハット事例集」として取りまとめることができました。ヒヤリ・ハット事例の収集にあたっては、全国の会員関係者からたくさんの貴重な体験を提供していただきました。また、事例集の取りまとめ、編集にあたっては、当安全衛生協力会首都圏支部青年部会を中心とする編集委員各位にご尽力いただきました。

　本ヒヤリ・ハット事例集は、安全教育の教材としてばかりでなく、リスクアセスメント実施のための資料として有効と思われます。また、建設業各社の皆様にも広くご利用いただけるものの考え、このほど㈱労働新聞社から発刊・販売することとなりました。作業現場のより一層の安全性向上に資するため、本ヒヤリ・ハット事例集を有効に活用していただきますよう願っております。

　　　　　平成26年7月　　　熊谷組安全衛生協力会
　　　　　　　　　　　　　　　　会長　田中　繁

ヒヤリハット事例集　目次

- ヒヤリ・ハット体験の分類 …………………………………… 5
- 1 とび工 ……………………………………………………… 7
- 2 型枠大工 …………………………………………………… 15
- 3 鉄筋工 ……………………………………………………… 27
- 4 杭・地盤改良・山止め工 ………………………………… 37
- 5 鉄骨工 ……………………………………………………… 45
- 6 解体・はつり工 …………………………………………… 51
- 7 左官工 ……………………………………………………… 55
- 8 塗装工 ……………………………………………………… 63
- 9 造園工 ……………………………………………………… 67
- 10 法面工 …………………………………………………… 71
- 11 タイル・石・ブロック工 ……………………………… 75
- 12 内装工 …………………………………………………… 79
- 13 ガラス工 ………………………………………………… 85
- 14 屋根・板金工 …………………………………………… 89
- 15 防水工 …………………………………………………… 93
- 16 鋼製建具工 ……………………………………………… 97
- 17 設備機械工 ……………………………………………… 101
- 18 電工 ……………………………………………………… 105
- 19 設備工 …………………………………………………… 115
- 20 コンクリート・舗装工 ………………………………… 123
- 21 土工 ……………………………………………………… 129
- 22 重機・クレーン運転手 ………………………………… 141
- 23 車両運転手 ……………………………………………… 149
- 24 トンネル・シールド工 ………………………………… 155
- 25 プラント運転管理 ……………………………………… 163
- 26 鍛冶工 …………………………………………………… 167
- 27 その他 …………………………………………………… 173

ヒヤリ・ハット体験の分類

会員関係者から636件のヒヤリ・ハット体験が寄せられました。
体験者の年齢・体験月、ヒヤリ・ハットの起因物、原因等による分類は以下のとおりです。

ヒヤリ・ハット体験報告提出件数（年代別）

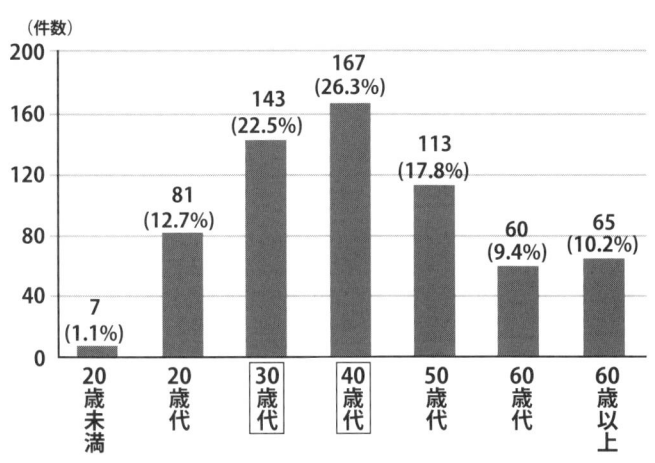

回答のあった体験者の年代別件数は40歳台の体験者がもっとも多く、30歳代と合わせると約半数（48.8%）となる。

体験月別

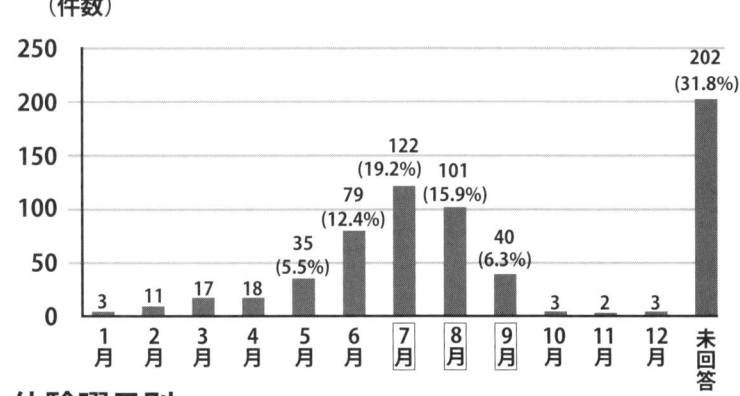

回答のあった体験月別件数は、7月が最も多く約2割（19.2%）である。夏季にあたる8月と9月を合わせると、約4割（41.4%）を占める。
※今回のヒヤリ・ハットでの熱中症の体験報告は5件（0.8%）と少数である。

体験曜日別

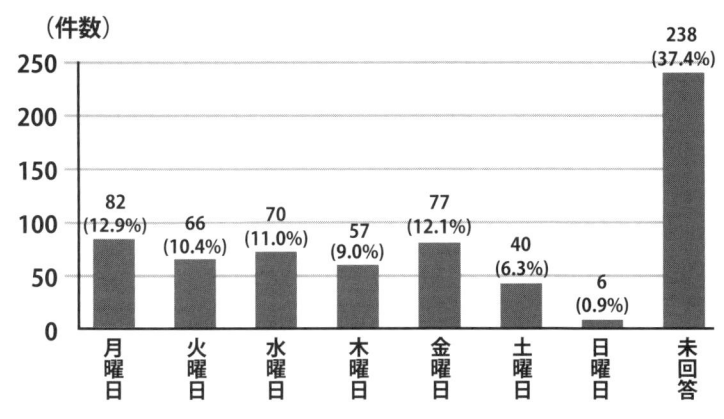

回答のあった体験曜日別件数は、通常の現場稼動状況に比例するように、土曜日、日曜日の件数が少なく、月曜日から金曜日まではその割合に大きな差はない。

体験時間帯別

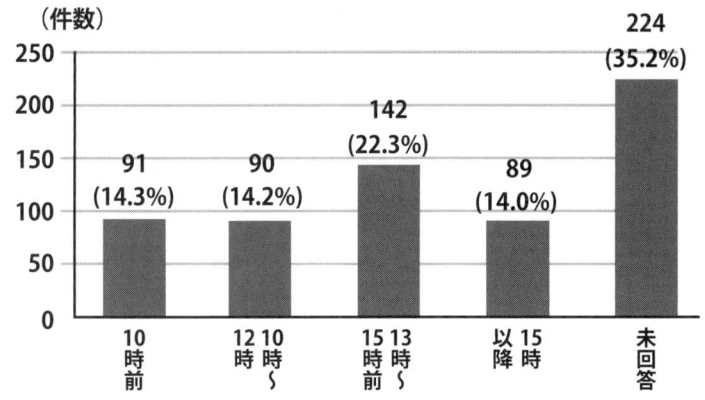

回答のあった体験時間帯別件数は、13時～15時前が22.3%と多いが、他の時間帯と大差がない。

起因物別件数

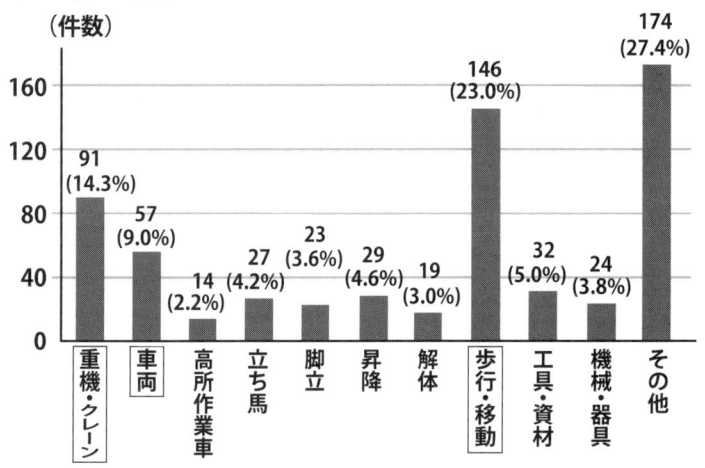

回答のあった起因物別件数は、あらゆる職種から報告があげられた歩行・移動中のものが23%と一番多い。次いで、重機・クレーン(14.3%)、車両(9.0%)が多い。

ヒヤリ・ハット体験時における原因

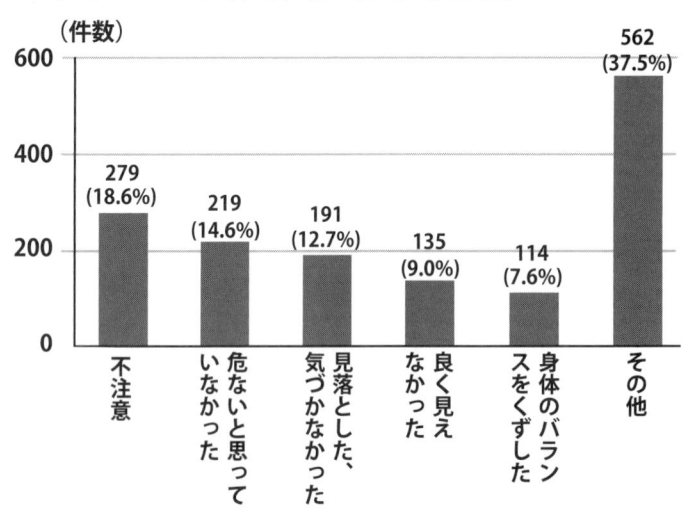

ヒヤリ・ハット体験の原因として、その時の心身状態を26項目から選択のうえ回答を得た。上位5項目は左グラフのとおりであり、いずれも不注意によるものとなっている。

※類似したヒヤリ・ハット体験は集約し、188件の事例集として編集しています。

とびエ

1 とび工

足場解体前の確認不足でヒヤッとした ･･････････････ 9

足場上で転倒しそうになった ･･･････････････････････ 9

足場上で、小物をけとばし落下させた ･････････････ 10

法肩から転落しそうになった ･･････････････････････ 10

足場板が天びんになった ･･････････････････････････ 11

立てかけてあった足場材が、生コン車の
振動で倒れた ････････････････ 11

資材を投下中に、外部足場に接触し、
落としかけた ･･･････････････････ 12

足場組立時、工具を落とした ･････････････････････ 12

吊り荷が落ちそうになった ････････････････････････ 13

ピンが抜けて、ブームが足元に
落下しそうになった ･･････････････････ 13

足場解体前の確認不足でヒヤッとした

職種	とび工
起因物	工具・資材
ヒヤリ・ハット分類	飛散・落下
年齢(経験年数)	48歳（2年）
発生日時	平成25年6月17日11時
どんな場所で	外部足場にて
どうしていた時	外部足場に付随する手すりを解体中に

●ヒヤリ・ハットの内容
　布部分のクランプを緩めたら、建地側のクランプも緩んでいてクランプが落下した。

●対策
・解体前に各所、クランプの緩みが無いか、確認する。

足場上で転倒しそうになった

職種	とび工
起因物	歩行・移動時
ヒヤリ・ハット分類	つまずき・転倒
年齢(経験年数)	41歳（10年）
発生日時	平成23年9月20日14時
どんな場所で	枠組足場上で
どうしていた時	資材を小運搬中に

●ヒヤリ・ハットの内容
　踏板と踏板の隙間に足が挟まり転倒しそうになった。

●対策
・作業前に使用する足場及び作業通路を点検する。

足場上で、小物をけとばし落下させた

- **職種** とび工
- **起因物** 工具・資材
- **ヒヤリ・ハット分類** 飛散・落下
- **年齢（経験年数）** 53歳（23年）
- **発生日時** 平成24年8月3日15時頃
- **どんな場所で** 外部足場上で
- **どうしていた時** 外部足場組立作業中に

● **ヒヤリ・ハットの内容**
　足場踏板上に置いていた小物を蹴飛ばし落下させた。

● **対策**
・小物は袋にまとめ仮置きする。
・足場上は常に整理整頓しておく。
・常に足元の確認を行う。

法肩から転落しそうになった

- **職種** とび工
- **起因物** その他
- **ヒヤリ・ハット分類** 墜落・転落
- **年齢（経験年数）** 48歳（30年）
- **発生日時** 平成25年7月30日11時頃
- **どんな場所で** 掘削法肩付近で
- **どうしていた時** 基礎通路足場を組立中

● **ヒヤリ・ハットの内容**
　法面が崩れ、法肩から転落しそうになった。

● **対策**
・法肩の点検を行う。
・法肩に必要以上に近づかない。

足場板が天びんになった

- **職種** とび工
- **起因物** 足場
- **ヒヤリ・ハット分類** 墜落・転落
- **年齢（経験年数）** 33歳（16年）
- **発生日時** 平成25年7月20日16時頃
- **どんな場所で** 基礎工事荷取りステージ上で
- **どうしていた時** 鉄筋通路足場及び荷取りステージ組立中

●ヒヤリ・ハットの内容
足場板が天びんとなり、墜落しそうになった。

●対策
・ 足場板の結束を確認する。
・ 足場板のハネ出し長さを確認する。

立てかけてあった足場材が、生コン車の振動で倒れた

- **職種** とび工
- **起因物** 工具・資材
- **ヒヤリ・ハット分類** 倒壊
- **年齢（経験年数）** 一歳（一年）
- **発生日時** 平成25年3月 －日11時30分頃
- **どんな場所で** S造新築現場
- **どうしていた時** ホイストでW 500 × 1800 のアンチを揚重していた時

●ヒヤリ・ハットの内容
鉄板上に立てかけてあったアンチ5枚が、すぐ脇を通った生コン車の振動で倒れた。

●対策
・ 作業計画を立て、個別の組立を考える。
・ 鉄板上に、ベニヤ等すべり防止の養生を行う。
・ 資材を横置きする。

資材を投下中に、外部足場に接触し、落としかけた

- **職種** とび工
- **起因物** 工具・資材
- **ヒヤリ・ハット分類** 飛散・落下
- **年齢(経験年数)** 51歳(33年)
- **発生日時** 平成25年6月10日14時頃
- **どんな場所で** 足場上
- **どうしていた時** ロープで資材を投下中

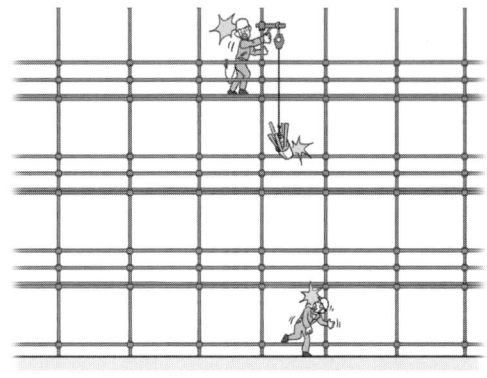

●ヒヤリ・ハットの内容
　資材が外部足場に接触してしまい、下にいた作業員の上に資材を落としそうになった。

●対策
・資材を投下する時は、資材の地切りを行う。
・外部足場垂直線上に、引っかかる物がないか確認する。
・立入禁止区域を設置し、絶対に人を入れない。

足場組立時、工具を落とした

- **職種** とび工
- **起因物** 工具・資材
- **ヒヤリ・ハット分類** 飛散・落下
- **年齢(経験年数)** 47歳(27年)
- **発生日時** 平成10年7月10日9時頃
- **どんな場所で** 足場上で
- **どうしていた時** 足場組立作業中に

●ヒヤリ・ハットの内容
　ラチェットスパナを落とし、下部作業員に当たりそうになった。

●対策
・手持ち工具に落下防止紐をつける。
・下部の立入禁止表示を行う。

吊り荷が落ちそうになった

職種	とび工
起因物	重機・クレーン作業
ヒヤリ・ハット分類	吊り荷落下
年齢(経験年数)	32歳(8年)
発生日時	25年7月3日10時頃
どんな場所で	立坑上部点検坑道で
どうしていた時	解体撤去作業において、解体材をクレーンで積込んでいた時

●ヒヤリ・ハットの内容
吊り荷を旋回しかけた時に、作業員がトラック荷台に上がりかけたので旋回を急停止したら、吊り荷が振れて落ちそうになった。

●対策
- 落ちない玉掛けを行う。
- 荷降ろし場所の人払いを実施する。

ピンが抜けて、ブームが足元に落下しそうになった

職種	とび工
起因物	重機・クレーン作業
ヒヤリ・ハット分類	飛散・落下
年齢(経験年数)	20歳(1年)
発生日時	平成25年7月12日11時30分頃
どんな場所で	社内の敷地
どうしていた時	クローラークレーン解体作業中

●ヒヤリ・ハットの内容
ブーム継手ピンを手ハンマーでたたき外している時、ピンが抜けブームが足元の先に落ちた。

●対策
- 作業手順を見直して作業をする。
- 受台を設置して作業する。

2

型枠大工

2 型枠大工

梁型枠から転落しそうになった ・・・・・・・・・・・・・・・・・・・・・・ 17
玉掛け外し時にワイヤーが跳ねた ・・・・・・・・・・・・・・・・・・・・・ 17
立ち馬上から転落しそうになった① ・・・・・・・・・・・・・・・・・ 18
立ち馬上から転落しそうになった② ・・・・・・・・・・・・・・・・・ 18
立ち馬上から転落しそうになった③ ・・・・・・・・・・・・・・・・・ 19
立ち馬昇降中に脚がスリーブ穴に落ちた ・・・・・・・・・・・・・ 19
脚立昇降時、転落しそうになった ・・・・・・・・・・・・・・・・・・・・ 20
タラップ昇降中に足がすべった ・・・・・・・・・・・・・・・・・・・・・・ 20
支保工解体時に角材が落下した ・・・・・・・・・・・・・・・・・・・・・・ 21
法面から転落しそうになった ・・・・・・・・・・・・・・・・・・・・・・・・ 21
足場上から転落しそうになった ・・・・・・・・・・・・・・・・・・・・・・ 22
材料運搬中、つまずいた ・・・・・・・・・・・・・・・・・・・・・・・・・・・・ 22
ベニヤの端部から転落しそうになった ・・・・・・・・・・・・・・・ 23
荷上げ開口から転落しそうになった ・・・・・・・・・・・・・・・・・ 23
スタイロフォームが風で飛ばされた ・・・・・・・・・・・・・・・・・ 24
梁上から転落しそうになった ・・・・・・・・・・・・・・・・・・・・・・・・ 24
建込中、物を落とした ・・・・・・・・・・・・・・・・・・・・・・・・・・・・・・ 25
足をすべらし、セパで目を突きそうになった ・・・・・・・・・ 25
強風が吹いて、壁が倒れて来た ・・・・・・・・・・・・・・・・・・・・・・ 26

梁型枠から転落しそうになった

- **職種** 型枠大工
- **起因物** 重機・クレーン作業
- **ヒヤリ・ハット分類** 墜落・転落
- **年齢（経験年数）** 23歳（5年）
- **発生日時** 平成25年7月1日14時頃
- **どんな場所で** 梁架け作業場所
- **どうしていた時** 地組した梁枠をクレーンにて梁架け作業中

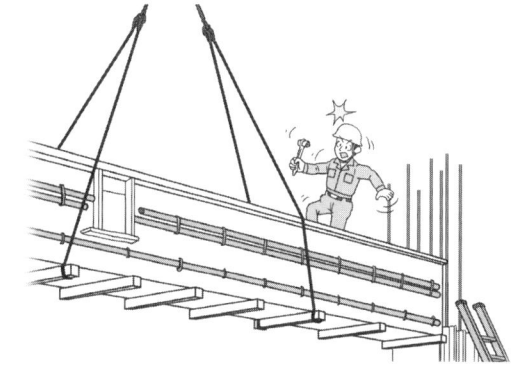

●ヒヤリ・ハットの内容
　梁型枠が揺れてバランスを崩して転落しかけた。

●対策
・親綱の先行設置、安全帯を使用し、作業する。

玉掛け外し時にワイヤーが跳ねた

- **職種** 型枠大工
- **起因物** 重機・クレーン作業
- **ヒヤリ・ハット分類** その他
- **年齢（経験年数）** 26歳（5年）
- **発生日時** 平成25年4月―日―時頃
- **どんな場所で** 擁壁工事で
- **どうしていた時** 型枠材、単管パイプを玉掛けし、移動していた時

●ヒヤリ・ハットの内容
　玉掛けワイヤーを外し、手を放したところ、ワイヤーのヨリが戻り、顔に跳ねて当たりそうになった。

●対策
・ネジレの無いように玉掛けをし、キンクした物は使わない。

立ち馬上から転落しそうになった①

■ 職種	型枠大工
■ 起因物	立ち馬使用
■ ヒヤリ・ハット分類	天板踏み外し・転落
■ 年齢(経験年数)	47歳(20年)
■ 発生日時	平成24年10月 － 日 3時頃
■ どんな場所で	スラブ上で
■ どうしていた時	立ち馬を使って型枠を建込中

●ヒヤリ・ハットの内容
　立ち馬上で横に移動した時、足を踏み外した。

●対策
・こまめな立ち馬の移動。

立ち馬上から転落しそうになった②

■ 職種	型枠大工
■ 起因物	立ち馬使用
■ ヒヤリ・ハット分類	天板踏み外し・転落
■ 年齢(経験年数)	58歳(30年)
■ 発生日時	平成25年7月7日11時頃
■ どんな場所で	基礎工事中
■ どうしていた時	立ち馬上で壁パネル建込中

●ヒヤリ・ハットの内容
　立ち馬がぐらつき転落しそうになった。

●対策
・立ち馬の足元を確認する。
・無理な姿勢で作業しない。

立ち馬上から転落しそうになった ③

職種	型枠大工
起因物	立ち馬使用
ヒヤリ・ハット分類	天板踏み外し・転落
年齢（経験年数）	38歳（18年）
発生日時	平成25年6月－日－時頃
どんな場所で	スラブ上
どうしていた時	立ち馬上で建込みをしていた時

●ヒヤリ・ハットの内容
　昇っていったら脚部が急に縮まってしまい落ちそうになった。

●対策
・脚を伸ばした時は、ロックがきちんとかかっているか、よく確認してから乗るようにする。

立ち馬昇降中に脚がスリーブ穴に落ちた

職種	型枠大工
起因物	立ち馬使用
ヒヤリ・ハット分類	昇降中転落
年齢（経験年数）	60歳（44年）
発生日時	平成25年6月18日9時00分頃
どんな場所で	スラブ上
どうしていた時	立ち馬の一段目に上った時

●ヒヤリ・ハットの内容
　土間スリーブの上にコンクリートがあり、わからなかった。

●対策
・コンクリート打設後に、スリーブの穴に蓋（フタ）をする。

脚立昇降時、転落しそうになった

- 職種　　　　　型枠大工
- 起因物　　　　脚立使用
- ヒヤリ・ハット分類　昇降中転落
- 年齢（経験年数）　35歳（15年）
- 発生日時　　　平成25年8月7日11時頃
- どんな場所で　廊下スラブ上
- どうしていた時　脚立上に昇ろうとしていた時

●ヒヤリ・ハットの内容
　脚立の片足が、桟木にのっていたため、脚立がぐらつき転倒しそうになった。

●対策
・脚立設置場所の片付けをする。
・開き止めの確認をする。

タラップ昇降中に足がすべった

- 職種　　　　　型枠大工
- 起因物　　　　昇降（階段等）時
- ヒヤリ・ハット分類　墜落・転落
- 年齢（経験年数）　45歳（25年）
- 発生日時　　　平成25年6月3日13時15分頃
- どんな場所で　基礎施工現場
- どうしていた時　昇降用タラップで降りる時

●ヒヤリ・ハットの内容
　靴底に泥がついていて、タラップ2段目に足をかけた時、足がすべり、ヒヤリとした。

●対策
・靴底の泥に注意し、足元の確認を行う。

支保工解体時に角材が落下した

- **職種** 型枠大工
- **起因物** 解体作業
- **ヒヤリ・ハット分類** 飛散・落下
- **年齢(経験年数)** 33歳(11年)
- **発生日時** 平成25年8月2日－時頃
- **どんな場所で** 1階庇(ひさし)
- **どうしていた時** 庇枠の解体時

●ヒヤリ・ハットの内容
　支保工を外した後に、角材が足元に落下した。

●対策
・施工手順の確認をする。
・落下しそうな物は先に外す。

法面から転落しそうになった

- **職種** 型枠大工
- **起因物** 歩行・移動時
- **ヒヤリ・ハット分類** 墜落・転落
- **年齢(経験年数)** 48歳(30年)
- **発生日時** 平成25年9月10日－時頃
- **どんな場所で** 基礎法面掘削付近
- **どうしていた時** 材料を持って移動していた時

●ヒヤリ・ハットの内容
　法面から転落しそうになった。

●対策
・通路を使用し、法面等の近くを通らない。
・転落防止措置。

足場上から転落しそうになった

職種	型枠大工
起因物	歩行・移動時
ヒヤリ・ハット分類	墜落・転落
年齢（経験年数）	22歳（1年）
発生日時	平成25年7月10日16時頃
どんな場所で	外部足場上
どうしていた時	型枠締め固め中

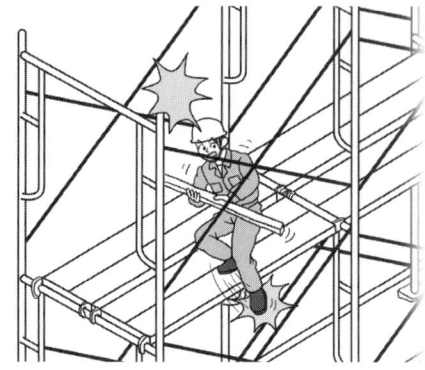

●ヒヤリ・ハットの内容
　資材等の運搬の際に、足場上で足を踏み外して転落しそうになった。

●対策
・無理な体勢での作業をしない。
・足元、周囲の確認。

材料運搬中、つまずいた

職種	型枠大工
起因物	歩行・移動時
ヒヤリ・ハット分類	つまずき・転倒
年齢（経験年数）	57歳（39年）
発生日時	平成25年7月27日14時頃
どんな場所で	スラブ型枠
どうしていた時	型枠材を運搬中

●ヒヤリ・ハットの内容
　天井インサートにつまずいて転倒しそうになった。

●対策
・足元、周囲の安全を確認して運搬する。

ベニヤの端部から転落しそうになった

■ 職種	型枠大工
■ 起因物	工具・資材
■ ヒヤリ・ハット分類	墜落・転落
■ 年齢（経験年数）	―歳（―年）
■ 発生日時	平成― 年 ―月 ―日 ―時
■ どんな場所で	スラブ上で
■ どうしていた時	ベニヤを配置していた時に

●ヒヤリ・ハットの内容
　ベニヤの端部に上がり、天びんになりかかった。

●対策
・ 親綱を張り安全帯を必ず使う。
・ １枚ずつ固定する。
・ 足元を確認する。

荷上げ開口から転落しそうになった

■ 職種	型枠大工
■ 起因物	工具・資材
■ ヒヤリ・ハット分類	墜落・転落
■ 年齢（経験年数）	36歳（10年）
■ 発生日時	平成25年6月―日―時頃
■ どんな場所で	スラブ上
■ どうしていた時	荷上げ開口から、型枠パネルを荷上げ中、上階からパネルを引きあげていた

●ヒヤリ・ハットの内容
　パネルの桟木が、ダメ穴から出ていた鉄筋にひっかかり、バランスをくずして落ちそうになった。

●対策
・ ダメ穴に出ている差し筋を曲げてから作業する。
・ 近くに安全帯をかけるところがあれば、かけてから作業するようにする。

スタイロフォームが風で飛ばされた

■ 職種	型枠大工
■ 起因物	工具・資材
■ ヒヤリ・ハット分類	飛散・落下
■ 年齢(経験年数)	54歳(36年)
■ 発生日時	平成25年9月5日16時頃
■ どんな場所で	勾配屋根上
■ どうしていた時	スタイロフォームを貼る作業中

●ヒヤリ・ハットの内容
　強風で、スタイロフォームが10枚程飛ばされた。

●対策
・強風時はスタイロ貼り作業は行わない。
・スタイロは高く積まないで重い物をのせて置く。
・積んであるスタイロを取り出す時は、2人1組で行う。

梁上から転落しそうになった

■ 職種	型枠大工(解体工)
■ 起因物	その他
■ ヒヤリ・ハット分類	墜落・転落
■ 年齢(経験年数)	51歳(16年)
■ 発生日時	平成25年7月1日9時30分頃
■ どんな場所で	地中梁解体工事
■ どうしていた時	型枠解体作業中、隣のスパンへ移動しようと、梁筋の上を歩いている時

●ヒヤリ・ハットの内容
　梁筋の上を歩いていると、鉄筋の間に足先がはまり、バランスをくずし、転落しそうになった。

●対策
・梁筋の上を歩く際には、足場板を固定する等の対策をする。

建込中、物を落とした

職種	型枠大工
起因物	その他
ヒヤリ・ハット分類	飛散・落下
年齢(経験年数)	63歳(45年)
発生日時	平成―年―月―日8時30分頃
どんな場所で	外部足場上
どうしていた時	外部建込中

●ヒヤリ・ハットの内容
　手をすべらし下にフォームタイを落とした。

●対策
・ 上下作業にならないようにする。

足をすべらし、セパで目を突きそうになった

職種	型枠大工
起因物	その他
ヒヤリ・ハット分類	つまずき・転倒
年齢(経験年数)	23歳(6年)
発生日時	平成25年8月5日16時頃
どんな場所で	傾斜のついたコンクリート上
どうしていた時	壁型枠セパレーター取付け作業時

●ヒヤリ・ハットの内容
　足をすべらし、セパで目を突きそうになった。

●対策
・ 足元の十分な確認。
・ 斜面、姿勢の悪い場所での安全帯の使用。

強風が吹いて、壁が倒れて来た

- **職種** 型枠大工
- **起因物** その他
- **ヒヤリ・ハット分類** 倒壊
- **年齢（経験年数）** 52歳（25年）
- **発生日時** 平成20年4月―日14時頃
- **どんな場所で** 擁壁の片壁を固めていた時（片壁固メ作業時）
- **どうしていた時** 外壁建込み終了後

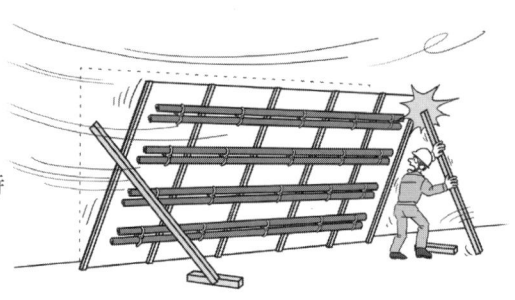

●ヒヤリ・ハットの内容
不要になった養生用の桟木をはずしたところ、強風が吹いて壁が倒れて来た。

●対策
・後々まで外れない様、補強方法を考える。

3

鉄筋工

3 鉄筋工

- 荷台上で荷がぶれて転落しそうになった・・・・・・・・・・・・・29
- タワークレーン荷上げ中、吊り荷が足場と接触・・・・・・・・29
- 立ち馬上から転落しそうになった①・・・・・・・・・・・・・・・30
- 立ち馬上から転落しそうになった②・・・・・・・・・・・・・・・30
- ダメ穴開口に落ちそうになった・・・・・・・・・・・・・・・・・・・31
- 足場の上でつまずき、転倒しそうになった・・・・・・・・・・・31
- ワイヤーメッシュがすべり、転倒しそうになった・・・・・・32
- 鉄筋材の上を歩き転倒した・・・・・・・・・・・・・・・・・・・・・・32
- スラブ段差部で転倒しかけた・・・・・・・・・・・・・・・・・・・・33
- スラブ筋につまずいて転倒しそうになった・・・・・・・・・・・33
- 鉄筋材を他の人にぶつけそうになった・・・・・・・・・・・・・・34
- 足場板がぐらついて転倒しそうになった・・・・・・・・・・・・34
- 溶接した部分を踏んでヤケドしそうになった・・・・・・・・・35

荷台上で荷がぶれて転落しそうになった

職種	鉄筋工
起因物	重機・クレーン作業
ヒヤリ・ハット分類	墜落・転落
年齢(経験年数)	37歳(15年)
発生日時	平成－年－月－日－時頃
どんな場所で	トラック荷台上
どうしていた時	材料荷降し中

● ヒヤリ・ハットの内容
　材料を吊り上げ時、吊り荷がぶれて荷台から落ちそうになった。

● 対策
・地切りを確認したら、すみやかに吊り荷より離れる（3・3・3運動の実施）。
・吊り荷の中心にフックが来るように、合図を正確に行う。

タワークレーン荷上げ中、吊り荷が足場と接触

職種	鉄筋工
起因物	重機・クレーン作業
ヒヤリ・ハット分類	吊り荷接触
年齢(経験年数)	38歳(21年)
発生日時	平成25年6月17日9時30分頃
どんな場所で	枠組み足場上
どうしていた時	タワークレーンでスラブ上に材料を荷上げしていた時

● ヒヤリ・ハットの内容
　施工中に他の作業員に声を掛けられてよそ見をしてしまい、外部足場と吊り荷が接触しそうになった。

● 対策
・クレーン運転（操作中）は吊り荷から目を絶対はなさない。

立ち馬上から転落しそうになった ①

■ 職種	鉄筋工
■ 起因物	立ち馬使用
■ ヒヤリ・ハット分類	天板踏み外し・転落
■ 年齢(経験年数)	40歳(20年)
■ 発生日時	平成25年7月31日14時頃
■ どんな場所で	スラブ上
■ どうしていた時	立ち馬を使用して壁配筋をしていた時

●ヒヤリ・ハットの内容
　ハッカーでの結束中に結束線からハッカーがすべり抜け、後ろに反動がかかり立ち馬から墜落しそうになった。

●対策
・焦らずに結束する。
・ムリな姿勢で結束しない。

立ち馬上から転落しそうになった ②

■ 職種	鉄筋工
■ 起因物	立ち馬使用
■ ヒヤリ・ハット分類	天板踏み外し・転落
■ 年齢(経験年数)	51歳(33年)
■ 発生日時	平成25年7月1日13時10分頃
■ どんな場所で	スラブ上
■ どうしていた時	壁筋組立中

●ヒヤリ・ハットの内容
　立ち馬上で壁筋を結束している時、作業に気を取られ端部から足を踏み外しそうになり、バランスをくずした。

●対策
・足元の確認をする。
・立ち馬の大きさを作業前に確認する。

ダメ穴開口に落ちそうになった

■ 職種	鉄筋工
■ 起因物	歩行・移動時
■ ヒヤリ・ハット分類	墜落・転落
■ 年齢（経験年数）	55歳（25年）
■ 発生日時	平成3年10月－日－時頃
■ どんな場所で	スラブ上
■ どうしていた時	スラブ配筋をしていた時

●ヒヤリ・ハットの内容
　スラブ配筋中、結束をしながら横移動していた時、ダメ穴の開口（養生無し）に気付かず足を踏み外した。

●対策
・ダメ穴の養生が確実な状態になっているかを確認してから作業する。
・ダメ穴の位置を確認しておく。

足場の上でつまずき、転倒しそうになった

■ 職種	鉄筋工
■ 起因物	歩行・移動時
■ ヒヤリ・ハット分類	つまずき・転倒
■ 年齢（経験年数）	52歳（32年）
■ 発生日時	平成25年8月2日14時00分頃
■ どんな場所で	外部足場上
■ どうしていた時	壁配筋中

●ヒヤリ・ハットの内容
　足場の段差でつまずき、下に落ちそうになった。

●対策
・小さな段差でもつまずく可能性があるので、常に足元の状況を確認し、安全帯を使用して作業する。

ワイヤーメッシュがすべり、転倒しそうになった

職種	鉄筋工
起因物	歩行・移動時
ヒヤリ・ハット分類	つまずき・転倒
年齢(経験年数)	40歳(16年)
発生日時	平成25年7月29日8時30分頃
どんな場所で	デッキスラブ上で
どうしていた時	足場上に置いていた材料をスラブ上に運び込んでいる時

●ヒヤリ・ハットの内容
　敷設中のワイヤーメッシュの上を歩こうとしたらワイヤーメッシュがすべり、転倒しそうになった。

●対策
・足元に十分注意して作業する。
・材料等の上を歩かないようにする。
・敷設中のワイヤーメッシュの上を歩く場合は、結束してからその上を歩くようにする。

鉄筋材の上を歩き転倒した

職種	鉄筋工
起因物	歩行・移動時
ヒヤリ・ハット分類	つまずき・転倒
年齢(経験年数)	51歳(32年)
発生日時	平成－年－月－日－時頃
どんな場所で	スラブ上で
どうしていた時	スラブ配筋作業中に鉄筋をかついで歩行中

●ヒヤリ・ハットの内容
　鉄筋の束(D13、200本)をバラし、その上を歩行した際に転倒した。

●対策
・材料の上を歩行しない。
・通路が確保できるように荷上げする。
・資材の整理。

スラブ段差部で転倒しかけた

職種	鉄筋工
起因物	歩行・移動時
ヒヤリ・ハット分類	つまずき・転倒
年齢(経験年数)	29歳(12年)
発生日時	平成25年8月17日11時頃
どんな場所で	デッキスラブ上
どうしていた時	梁配筋のため資材（鉄筋材）を担いで移動していた時

●ヒヤリ・ハットの内容
スラブ段差(50mm)の部分で足を踏み外した感覚になり、バランスをくずして転倒しそうになった。

●対策
- 作業場所を通行する際、資材を運ぶ際は作業通路を確認してから通行する。
- 事前に段差のある場所を確認して周知しておく。

スラブ筋につまずいて転倒しそうになった

職種	鉄筋工
起因物	その他
ヒヤリ・ハット分類	つまずき・転倒
年齢(経験年数)	33歳(12年)
発生日時	平成25年8月6日11時頃
どんな場所で	スラブ上
どうしていた時	スラブ筋上で段差止めをしている時に

●ヒヤリ・ハットの内容
周囲を気にしていて、足元を良く確認してないために、スラブ筋につまずいて転倒しそうになった。

●対策
- 移動する時は、足元を良く確認する。
- 作業通路を確保して作業する。

鉄筋材を他の人にぶつけそうになった

■ 職種	鉄筋工
■ 起因物	工具・資材
■ ヒヤリ・ハット分類	その他
■ 年齢（経験年数）	42歳（25年）
■ 発生日時	平成25年7月17日13時50分頃
■ どんな場所で	スラブ上
■ どうしていた時	長尺物を2人で配筋している時

●ヒヤリ・ハットの内容
　近くにいた設備業者の人に、鉄筋が当たりそうになった。

●対策
・配筋している人と互いに声を掛け合う。
・周りの人にも声を掛け、注意を促す。
・事前に工程打合せでできるだけラップ作業を減らす。

足場板がぐらついて転倒しそうになった

■ 職種	鉄筋工
■ 起因物	その他
■ ヒヤリ・ハット分類	墜落・転落
■ 年齢（経験年数）	27歳（9年）
■ 発生日時	平成25年8月2日14時頃
■ どんな場所で	足場上
■ どうしていた時	足場上での作業中

●ヒヤリ・ハットの内容
　ブラケット足場の足場板がぐらついて、転倒しそうになった。

●対策
・足場板を番線等で、ずれないように結束する。

溶接した部分を踏んでヤケドしそうになった

■ 職種	鉄筋工
■ 起因物	その他
■ ヒヤリ・ハット分類	火傷
■ 年齢（経験年数）	52歳（35年）
■ 発生日時	平成25年 －月 －日 －時頃
■ どんな場所で	マットスラブ施工場所
■ どうしていた時	マットのセパ溶接作業時

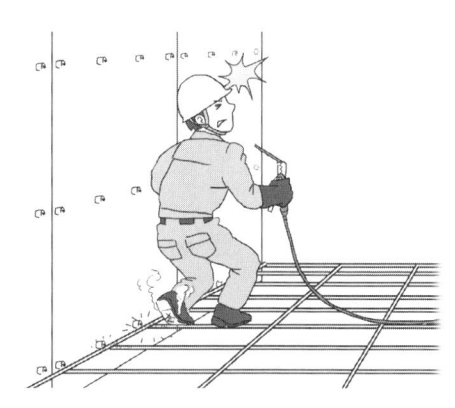

●ヒヤリ・ハットの内容
　あやまって溶接部を踏み、足の裏を火傷しそうになった。

●対策
・溶接部を確認し、あせらず慎重に作業する。
・作業通路を確保する。

4

杭・地盤改良・山止め工

4 杭・地盤改良・山止め工

単管パイプ揚重中、パイプが落下した……………… 39
コンプレッサーのエアホースからエア漏れ………… 39
アースオーガのスクリューの泥が落下した………… 40
吊り上げた重機が荷振れした………………………… 40
吊り上げた鋼矢板近くを通った……………………… 41
玉掛けのシャックルが外れそうになった…………… 41
クレーン作業で架空線を切断しそうになった……… 42
吊り荷とクレーンの間に手を挟みそうになった…… 42
地山上部から小石が落下してきた…………………… 43

単管パイプ揚重中、パイプが落下した

職種	杭・地盤改良・山止め工
起因物	重機・クレーン作業
ヒヤリ・ハット分類	吊り荷落下
年齢(経験年数)	43歳(12年)
発生日時	平成24年5月30日10時頃
どんな場所で	坑内で
どうしていた時	2mと4mの単管パイプを縦吊りで荷降ろししていた時

●ヒヤリ・ハットの内容
　2mの単管パイプがすり抜けて立坑下に落下した。

●対策
・長さを揃えて玉掛けする。
・縦吊りを行う場合は吊り袋を使用する。

コンプレッサーのエアホースからエア漏れ

職種	杭・地盤改良・山止め工
起因物	重機・クレーン作業
ヒヤリ・ハット分類	飛散・落下
年齢(経験年数)	54歳(36年)
発生日時	平成22年3月17日16時頃
どんな場所で	基礎工事現場で
どうしていた時	ダウンザホールハンマーによる削孔中

●ヒヤリ・ハットの内容
　コンプレッサー取付部付近のエアホースが、目視確認ができない程度で裂け、エア漏れが発生した。

●対策
・目視、音等による点検。
・裂けた場合のホースの暴れ防止(ロープ固定等)。

アースオーガのスクリューの泥が落下した

■ 職種	杭・地盤改良・山止め工
■ 起因物	重機・クレーン作業
■ ヒヤリ・ハット分類	飛散・落下
■ 年齢(経験年数)	46歳(25年)
■ 発生日時	平成24年9月28日14時頃
■ どんな場所で	杭工事
■ どうしていた時	杭工事でプレボーリングを行い オーガーを引き抜く時

●ヒヤリ・ハットの内容
　スクリューに付いていた泥が落ち、下にいた作業員に当たりそうになった。

●対策
・オーガー引き抜き時は、きれいに泥を取り、ゆっくりオーガーを上げる。
・杭打機周囲の立入禁止区画を行う。

吊り上げた重機が荷振れした

■ 職種	杭・地盤改良・山止め工
■ 起因物	重機・クレーン作業
■ ヒヤリ・ハット分類	吊り荷接触
■ 年齢(経験年数)	49歳(5年)
■ 発生日時	平成25年5月25日一時頃
■ どんな場所で	基礎工事現場で
■ どうしていた時	立坑下からクレーンのオペに無線により合図を送り、重機を搬出しようとした時

●ヒヤリ・ハットの内容
　重機の吊り上げを開始後、地切りの時フックの位置が重心からズレていたため、吊り荷が横に振られ作業員が他の重機との間に挟まれそうになった。

●対策
・荷の吊り上げ時は、吊り荷の周囲からの退避を徹底する。
・玉掛け時にフックの荷の重心への誘導を徹底する。

吊り上げた鋼矢板近くを通った

職種	杭・地盤改良・山止め工
起因物	重機・クレーン作業
ヒヤリ・ハット分類	吊り荷接触
年齢(経験年数)	24歳(5年)
発生日時	平成24年9月25日13時頃
どんな場所で	山止め工事
どうしていた時	鋼矢板の吊り上げ作業をしていた時

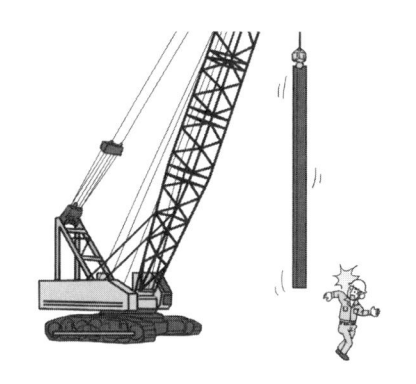

●ヒヤリ・ハットの内容
鋼矢板を玉掛けした後、吊り上がり場所近くを通行してしまった。

●対策
- 玉掛け地切り後は安全な方向に退避する。

玉掛けのシャックルが外れそうになった

職種	杭・地盤改良・山止め工
起因物	重機・クレーン作業
ヒヤリ・ハット分類	吊り荷落下
年齢(経験年数)	39歳(19年)
発生日時	平成25年6月5日10時頃
どんな場所で	山止め工事現場で
どうしていた時	鋼矢板圧入作業で吊り具（シャックル）を外そうとした時

●ヒヤリ・ハットの内容
鋼矢板から吊り具を外そうとした時ピンが緩んでいて外れそうになっていた。

●対策
- シャックルピンの締め付けの確認を確実に行う。
- 番線等でピンの緩み防止をする。

クレーン作業で架空線を切断しそうになった

職種	杭・地盤改良・山止め工
起因物	重機・クレーン作業
ヒヤリ・ハット分類	その他
年齢(経験年数)	61歳(35年)
発生日時	平成25年6月7日9時頃
どんな場所で	災害復旧工事現場で
どうしていた時	作業帯を設置して、ボーリングマシンを所定位置に移動しようと移動式クレーンで吊り上げた時

●ヒヤリ・ハットの内容
道路上空に架空線が有るのに気付かず、クレーンのブームが架空線に接触しそうになり、周囲の作業員に声をかけられ、あわてて操作を停止した。危く架空線を切断するところだった。

●対策
- クレーン作業前は、必ず架空線の位置及び周囲の状況を把握して作業する。
- 架空線近くの作業では、監視人を配置する
- 架空線に防護管の取付け、三角旗の表示を行う。

吊り荷とクレーンの間に手を挟みそうになった

職種	杭・地盤改良・山止め工
起因物	重機・クレーン作業
ヒヤリ・ハット分類	敷鉄板接触
年齢(経験年数)	43歳(21年)
発生日時	平成24年8月1日9時頃
どんな場所で	杭工事現場で
どうしていた時	杭打機養生の敷鉄板を吊る時

●ヒヤリ・ハットの内容
クレーンで敷鉄板を吊り上げた時、鉄板が振れて介錯していた手をクレーンとの間に挟みそうになった。

●対策
- 地切り前に吊り荷の重心を確認する。
- 手で介錯せず、安全な方向に退避する。

地山上部から小石が落下してきた

職種	杭・地盤改良・山止め工
起因物	その他
ヒヤリ・ハット分類	落石・落盤
年齢（経験年数）	55歳（18年）
発生日時	平成25年6月―日―時頃
どんな場所で	建築基盤掘削現場で
どうしていた時	山止め矢板入れの準備作業時

●ヒヤリ・ハットの内容
　背面を切り落とし、床を掘削しているとき、上部から小石が落ちてきた。

●対策
・ 地山の状態を確認しながら、浮石を撤去する。

5

鉄骨工

5 鉄骨工

- 鉄骨建方中、ボルトを落とした・・・・・・・・・・・・・・・・・・・・・・・・ 47
- 梁上で転倒しそうになった・・・・・・・・・・・・・・・・・・・・・・・・・・・・ 47
- 鉄骨建方中、ボルトを落とした・・・・・・・・・・・・・・・・・・・・・・・・ 48
- 頭上からボルトが落下してきた・・・・・・・・・・・・・・・・・・・・・・・・ 48
- 高所作業車運転時、鉄骨に挟まれかけた・・・・・・・・・・・・・ 49
- 鉄骨柱昇降中、タラップが外れた・・・・・・・・・・・・・・・・・・・・ 49

鉄骨建方中、ボルトを落とした

職種	とび工
起因物	工具・資材
ヒヤリ・ハット分類	飛散・落下
年齢(経験年数)	22歳(5年)
発生日時	平成25年8月20日11時
どんな場所で	鉄骨梁の上で
どうしていた時	鉄骨建方ボルト入れ作業中

●ヒヤリ・ハットの内容
ボルトを落とし、下部作業員に当たりそうになった。

●対策
・上下作業をしない。手元に注意する。
・立入禁止区画を行う。

梁上で転倒しそうになった

職種	鉄骨工
起因物	歩行・移動時
ヒヤリ・ハット分類	つまずき・転倒
年齢(経験年数)	59歳(42年)
発生日時	平成25年5月29日9時頃
どんな場所で	鉄骨工事中のR階、梁上で
どうしていた時	大梁付き、吊りピース切断の為、ガスホースを持って移動中

●ヒヤリ・ハットの内容
吊りピースにつまずき、バランスを崩して転落しそうになった。

●対策
・安全帯は確実に使用する。
・周囲や足元(吊りピース位置)を確認して移動する。

鉄骨建方中、ボルトを落とした

職種	鉄骨工
起因物	工具・資材
ヒヤリ・ハット分類	飛散・落下
年齢（経験年数）	43歳（25年）
発生日時	平成25年5月13日11時頃
どんな場所で	鉄骨建方中の２階鉄骨梁上で
どうしていた時	ボルト入れ作業中に

● ヒヤリ・ハットの内容
　手元を誤りナットを落下させた。

● 対策
・手元に注意する。
・落ち着いて作業する。

頭上からボルトが落下してきた

職種	鉄骨工
起因物	工具・資材
ヒヤリ・ハット分類	飛散・落下
年齢（経験年数）	41歳（19年）
発生日時	平成25年2月21日9時頃
どんな場所で	２階柱周りの足場上にて
どうしていた時	鉄骨柱の柱配筋中

● ヒヤリ・ハットの内容
　4階鉄骨増し締め部よりボルトが落下してきて身体をかすめた。

● 対策
・上下作業を行わない。
・上下作業しなければならない場合は、事前打合せの実施。
・作業時の声掛け確認の徹底。
・落下物養生の徹底。

高所作業車運転時、鉄骨に挟まれかけた

■	職種	鉄骨工
■	起因物	高所作業車使用
■	ヒヤリ・ハット分類	作業床・上部挟まれ
■	年齢(経験年数)	48歳(28年)
■	発生日時	平成25年7月2日10時頃
■	どんな場所で	鉄骨建方の現場
■	どうしていた時	高所作業車(キャタ・ブーム式)に乗って、水平ネットをバラシていた時(1人で)

●ヒヤリ・ハットの内容
慎重に操作していたつもりが、力が入ったのか、レバーを入れすぎ、ブームが大きく振れて、鉄骨の梁下に頭を挟まれそうになった。

●対策
- 障害物が近くにある時は、アイドリングを低くし、特に操作を慎重に行う。
- バケットにヘッドガードを取り付ける。
- ブームをできる限り縮めた状態にして、起伏旋回により対象位置を定め、最後に伸縮操作で接近する。

鉄骨柱昇降中、タラップが外れた

■	職種	鉄骨工
■	起因物	昇降(階段等)時
■	ヒヤリ・ハット分類	墜落・転落
■	年齢(経験年数)	41歳(25年)
■	発生日時	平成-年-月-日-時頃
■	どんな場所で	鉄骨建方の現場で
■	どうしていた時	鉄骨柱を昇降中

●ヒヤリ・ハットの内容
鉄骨柱を昇降中にタラップがはずれて、ぶらさがった。

●対策
- 柱を起こす前のタラップ取付け時に、確実に取付けの確認をする。

6

解体・はつり工

6 解体・はつり工

- 重機が跳ね飛ばしたガラに当たりそうになった ········ 53
- バックホウで積み込んでいた材料が落下 ············· 53
- 解体中に頭上からガラが落下 ····················· 54
- はつり作業中、ブレーカーで足を突きそうになった ······· 54

重機が跳ね飛ばしたガラに当たりそうになった

職種	解体・はつり工
起因物	重機・クレーン作業
ヒヤリ・ハット分類	飛散・落下
年齢(経験年数)	58歳(30年)
発生日時	平成25年8月6日15時頃
どんな場所で	解体作業現場パトロール中
どうしていた時	バックホウと同じ方向に並んで安全通路を歩行していた時

● ヒヤリ・ハットの内容
　バックホウのシュー(キャタピラ)の下にあったコンクリートガラが跳ねて飛んできて、体に当たりそうになりヒヤッとした。

● 対策
・動いている重機のそばには立入らない（立入禁止措置を行う）。
・周囲に十分注意し危険予知意識をもって行動する。

バックホウで積み込んでいた材料が落下

職種	解体・はつり工
起因物	重機・クレーン作業
ヒヤリ・ハット分類	その他
年齢(経験年数)	41歳(13年)
発生日時	平成－年－月－日－時頃
どんな場所で	現場内で
どうしていた時	重機にて解体材を搬出車両に積込んでいた時

● ヒヤリ・ハットの内容
　重機オペに合図を送った後、搬出車両裏側に落ちた解体材を拾いに行こうとしたら、重機オペが合図に気付いておらず、積込みをして近くに解体材が落下してきた。

● 対策
・はっきりとした合図を送り、重機停止の確認後、作業を行う。

解体中に頭上からガラが落下

■	職種	解体・はつり工
■	起因物	高所作業車使用
■	ヒヤリ・ハット分類	飛散・落下
■	年齢(経験年数)	63歳(2年)
■	発生日時	平成25年3月11日9時30分頃
■	どんな場所で	体育館 1階 天井
■	どうしていた時	天井(内装)解体中

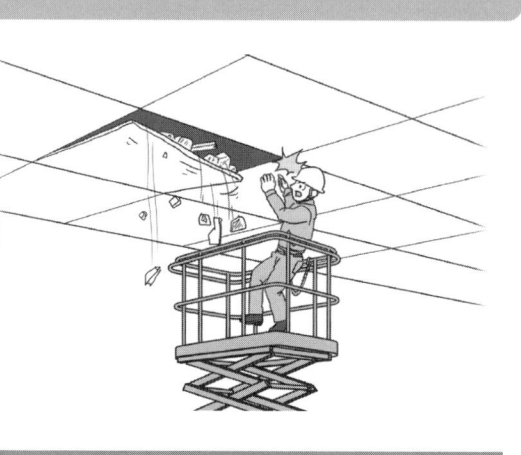

●ヒヤリ・ハットの内容
　高所作業車にて天井ボードの解体中に、上階の先行躯体解体のガラが、天井裏に乗っているのに気が付かずボードをはがしたら、ガラが落ちてきた。

●対策
・上階の先行解体の下部は、立入禁止とし、その他の部分より天井(内装)ボードをはがしてから、天井裏の点検をし、異常なしを確認後、作業する。

はつり作業中、ブレーカーで足を突きそうになった

■	職種	解体・はつり工
■	起因物	工具・資材
■	ヒヤリ・ハット分類	切創・刺創
■	年齢(経験年数)	43歳(21年)
■	発生日時	平成24年6月7日16時頃
■	どんな場所で	スラブ上で
■	どうしていた時	スラブ(土間)はつりをブレーカーで行っていた時に

●ヒヤリ・ハットの内容
　ノミ先がすべって、左足甲を突きそうになった。

●対策
・甲プロテクターは、着装していたが、終了時間に近付き、気が散漫していた。休憩を適時行って、注意力を切らさないようにします。

7

左官工

7 左官工

立ち馬上から転落しそうになった① ・・・・・・・・・・・・・・・・・ 57
立ち馬上から転落しそうになった② ・・・・・・・・・・・・・・・・・ 57
立ち馬上から転落しそうになった③ ・・・・・・・・・・・・・・・・・ 58
立ち馬上から転落しそうになった④ ・・・・・・・・・・・・・・・・・ 58
立ち馬上から転落しそうになった⑤ ・・・・・・・・・・・・・・・・・ 59
角ゴテが人に当たりそうになった・・・・・・・・・・・・・・・・・・・・ 59
足場の隙間から足を踏み外した ・・・・・・・・・・・・・・・・・・・・ 60
床スリーブ開口に足が落ちそうになった ・・・・・・・・・・・・ 60
スラブ鉄筋上でつまずきそうになった① ・・・・・・・・・・・・・ 61
スラブ鉄筋上でつまずきそうになった② ・・・・・・・・・・・・・ 61
モルタルミキサーにケレン棒が巻き込まれた ・・・・・・・・・ 62
トロウェルが動きだし、ぶつかりそうになった ・・・・・・・・ 62

立ち馬上から転落しそうになった ①

職種	左官工
起因物	立ち馬使用
ヒヤリ・ハット分類	天板踏み外し・転落
年齢(経験年数)	44歳(20年)
発生日時	平成19年8月9日11時頃
どんな場所で	2階 バルコニー
どうしていた時	天井吹付下地補修時

●ヒヤリ・ハットの内容
立ち馬(H600)を使用してバルコニー天井補修を行っていたところ、作業に夢中になり立ち馬より足を踏み外しそうになった。

●対策
- 立ち馬作業台の長さをよく確認する。
- 作業に夢中になり過ぎないようにし、足元をよく確認する。

立ち馬上から転落しそうになった ②

職種	左官工
起因物	立ち馬使用
ヒヤリ・ハット分類	天板踏み外し・転落
年齢(経験年数)	58歳(40年)
発生日時	平成25年2月9日14時頃
どんな場所で	内部の床
どうしていた時	立ち馬を使用しての天井の補修時

●ヒヤリ・ハットの内容
天井補修のために上を向いて作業していた際、立ち馬の端部に気付かず転落しそうになった。

●対策
- 『まさか』から『もしも』の管理へ。
- 一旦停止運動の再確認。
- 立ち馬作業台の長さをよく確認する、足元確認。

立ち馬上から転落しそうになった③

■ 職種	左官工
■ 起因物	立ち馬使用
■ ヒヤリ・ハット分類	天板踏み外し・転落
■ 年齢(経験年数)	63歳(45年)
■ 発生日時	平成25年6月20日16時頃
■ どんな場所で	2階フロア（床）
■ どうしていた時	立ち馬にて鉄骨柱にラスを貼りつける作業中

●ヒヤリ・ハットの内容
　高さが微妙な位置にあり、つま先立ちになって作業中、落下しそうになった（終業時間が近づいていて、焦りも多少あった）。

●対策
・高さに見合った立ち馬を使用するか、足場を設置するか判断する。
・余裕のある時間、仕事量で計画する。
・無理な姿勢で作業しない。

立ち馬上から転落しそうになった④

■ 職種	左官工
■ 起因物	立ち馬使用
■ ヒヤリ・ハット分類	天板踏み外し・転落
■ 年齢(経験年数)	60歳(40年)
■ 発生日時	平成25年9月5日16時頃
■ どんな場所で	3階ベランダ
■ どうしていた時	立ち馬で天井を補修していた時

●ヒヤリ・ハットの内容
　立ち馬上にて上を向いて作業していた際に、つまずいて立ち馬から落下しそうになった。

●対策
・立ち馬上では必ず足元を確認してから移動する。

立ち馬上から転落しそうになった ⑤

- **職種** 左官工
- **起因物** 立ち馬使用
- **ヒヤリ・ハット分類** その他
- **年齢(経験年数)** 56歳(20年)
- **発生日時** 平成23年7月30日15時頃
- **どんな場所で** 内部補修作業中
- **どうしていた時** 立ち馬(H900)を降りる時

●ヒヤリ・ハットの内容
立ち馬上で作業していた時、落下した補修材を踏んで安全靴の裏に付着、それに気付かず階段から降りた時にすべり、踏み外しそうになった。

●対策
- 足元確認をする。
- 床に補修材を落とさない。
- 無理な姿勢で作業しない。

角ゴテが人に当たりそうになった

- **職種** 左官工
- **起因物** 立ち馬使用
- **ヒヤリ・ハット分類** その他
- **年齢(経験年数)** 47歳(28年)
- **発生日時** 平成25年3月2日11時頃
- **どんな場所で** 8階廊下
- **どうしていた時** 8階廊下の天井を補修していた時

●ヒヤリ・ハットの内容
立ち馬に乗っての作業中、手を降ろした際に角ゴテが横を歩いていた大工さんの顔に当たりそうになった。

●対策
- 作業に夢中になり、周囲の確認をしていなかった。
- 作業中に第三者の近くを通行する際、声掛けの実施を徹底する。
- 天井補修時に上ばかり見て作業しない。

足場の隙間から足を踏み外した

職種	左官工
起因物	歩行・移動時
ヒヤリ・ハット分類	つまずき・転倒
年齢(経験年数)	18歳（1年）
発生日時	平成25年7月20日14時頃
どんな場所で	足場上3段目
どうしていた時	材料の入ったバケツを運んでいた時

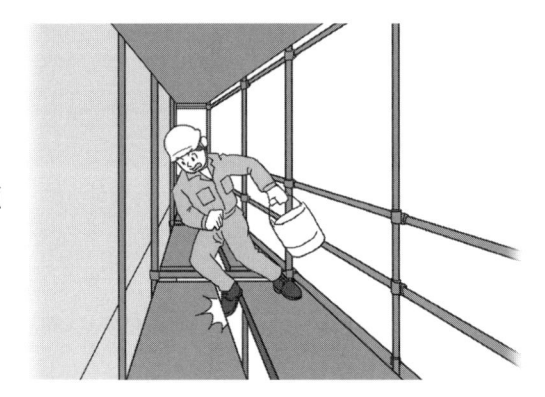

●ヒヤリ・ハットの内容
足場のアンチの隙間が大きく、足を踏み外しそうになった。

●対策
・作業前に必ず足場の点検を行う。
・足元に注意して移動する。

床スリーブ開口に足が落ちそうになった

職種	左官工
起因物	歩行・移動時
ヒヤリ・ハット分類	つまずき・転倒
年齢(経験年数)	63歳（35年）
発生日時	平成25年2月6日11時頃
どんな場所で	2階床
どうしていた時	現場内の歩行時

●ヒヤリ・ハットの内容
床の設備用ボイドの蓋(フタ)がコンクリートのノロが被った状態で気付かず歩いていた際、丁度養生のガムテープが破れ、足が落ちそうになった。

●対策
・ボイドの蓋（フタ）はガムテープの他に、ベニヤ等の強度のある物を追加し養生する。
・足元に注意して移動する。

スラブ鉄筋上でつまずきそうになった ①

■ 職種	左官工（土間工）
■ 起因物	歩行・移動時
■ ヒヤリ・ハット分類	つまずき・転倒
■ 年齢（経験年数）	41歳（20年）
■ 発生日時	平成25年7月11日9時頃
■ どんな場所で	スラブ上にて
■ どうしていた時	現場内移動中

●ヒヤリ・ハットの内容
　鉄筋上を通行していた時につまずき、転倒しそうになった。

●対策
・打設前に鉄筋上を通行する際は、メッシュロード上を通行するようにする。
・設置が不十分な時は、元請に連絡をして適切な措置をしてもらう。
・足元に注意して移動する。

スラブ鉄筋上でつまずきそうになった ②

■ 職種	左官工（土間工）
■ 起因物	歩行・移動時
■ ヒヤリ・ハット分類	つまずき・転倒
■ 年齢（経験年数）	31歳（6年）
■ 発生日時	平成25年6月22日14時頃
■ どんな場所で	RCのスラブ上（鉄筋上）
■ どうしていた時	コンクリート均し作業に必要な物を運んでいた時

●ヒヤリ・ハットの内容
　鉄筋でつまずき、転倒しそうになった（道具を持っていたため、両手がふさがっていた）。

●対策
・鉄筋上を通行する際は、メッシュロード上を通行するようにする。
・設置が不十分な時は、元請に連絡をして適切な措置をしてもらう。
・足元に注意して移動する。

モルタルミキサーにケレン棒が巻き込まれた

- 職種　　　　　　　左官工
- 起因物　　　　　　工具・資材
- ヒヤリ・ハット分類　その他
- 年齢(経験年数)　　54歳(33年)
- 発生日時　　　　　平成24年7月－日10時頃
- どんな場所で　　　左官ネタ場で

- どうしていた時　　モルタルミキサーを回転させたまま、ミキサーの周囲にこびりついた砂のかたまりをケレン棒でかき落していた時

●ヒヤリ・ハットの内容
ケレン棒がミキサーの羽根にからんで、自分の顔に当たりそうになった。

●対策
・ケレン棒をミキサーの中に入れる時は、ミキサーを必ず停止してから行う。

トロウェルが動きだし、ぶつかりそうになった

- 職種　　　　　　　左官工（土間工）
- 起因物　　　　　　工具・資材
- ヒヤリ・ハット分類　機体・作業車接触
- 年齢(経験年数)　　－歳（－年）
- 発生日時　　　　　平成25年6月－日14時頃
- どんな場所で　　　－

- どうしていた時　　コンクリート仕上時

●ヒヤリ・ハットの内容
トロウェルのエンジンをかけたまま手を離してコテで仕上げていた時、トロウェルが動き出して頭をかすめた。

●対策
・トロウェルから手を離す時は、必ずエンジンを止める。

8

塗装工

8 塗装工

高所作業車が傾いて壁に接触しそうになった ‥‥‥‥‥ 65

高所作業車同士で、ぶつかりそうになった ‥‥‥‥‥ 65

立ち馬上から転落しそうになった ‥‥‥‥‥‥‥‥‥ 66

脚立足場から転落しそうになった ‥‥‥‥‥‥‥‥‥ 66

高所作業車が傾いて壁に接触しそうになった

職種	塗装工
起因物	高所作業車使用
ヒヤリ・ハット分類	機体転倒・転落
年齢(経験年数)	36歳(15年)
発生日時	平成25年2月26日14時頃
どんな場所で	工場の外部で地面に傾斜があり、風が強い場所
どうしていた時	高所作業車(スリム、テーブル)を使用し外壁の塗装中

●ヒヤリ・ハットの内容
作業車の作業床を上昇させ、塗装していた時に作業車が傾き片方の車輪が一部浮いて、壁に接触しそうになった。

●対策
・作業車の設置場所が平らな所で作業する。
・使用する作業車をブーム型の物に替えて作業する。

高所作業車同士で、ぶつかりそうになった

職種	塗装工
起因物	高所作業車使用
ヒヤリ・ハット分類	その他
年齢(経験年数)	49歳(33年)
発生日時	平成25年8月12日16時頃
どんな場所で	工場内部
どうしていた時	高所作業車で鉄骨の塗装をしていた時

●ヒヤリ・ハットの内容
作業が終わりカゴを横に移動していたら、横にもう1台の作業車があって、当たるところだった。

●対策
・周囲をもっと確認してから移動する。
・声掛け、周囲の確認を行う。

立ち馬上から転落しそうになった

職種	塗装工
起因物	立ち馬使用
ヒヤリ・ハット分類	天板踏み外し・転落
年齢(経験年数)	32歳(13年)
発生日時	平成25年8月12日14時頃
どんな場所で	バルコニー
どうしていた時	天井を立ち馬で養生していた時

●ヒヤリ・ハットの内容
天井ばかり見ていたら立ち馬から落ちそうになった。

●対策
- 足元をよく確認する。
- 無理な姿勢で作業をしない。

脚立足場から転落しそうになった

職種	塗装工
起因物	脚立使用
ヒヤリ・ハット分類	作業中転落
年齢(経験年数)	26歳(8年)
発生日時	平成25年8月6日11時頃
どんな場所で	共用部廊下
どうしていた時	廊下の壁の塗装を行っており、脚立を三点指示で足場にして使用していた

●ヒヤリ・ハットの内容
脚立足場を使用して、上部の下り壁を塗装していた際、手元ばかり見ていて足を踏み外しそうになった。

●対策
- 毎時足元を確認する。
- 脚立足場の結束と安定性を確認する。

9

造園工

9 造園工

伐採材がダンプから落下 ・・・・・・・・・・・・・・・・・・・・・・・・・・・ 69

破損したロープを作業に使用 ・・・・・・・・・・・・・・・・・・・・・ 69

伐採作業中に法面から石が転落 ・・・・・・・・・・・・・・・・・・・ 70

伐採材がダンプから落下

職種	造園工
起因物	車両作業
ヒヤリ・ハット分類	飛散・落下
年齢(経験年数)	40歳(20年)
発生日時	平成25年7月1日16時頃
どんな場所で	伐採林処分場
どうしていた時	伐採林を処分場に荷降ろしをする為、4tダンプトラックのテールゲートを開けた時

● ヒヤリ・ハットの内容
　テールゲートを開けた時に木材(ϕ200・L=1.0m)が落下し足元付近に落ちた。

● 対策
・テールゲートを開ける時はゆっくり、落下しそうな物が無いか確認する。

破損したロープを作業に使用

職種	造園工
起因物	工具・資材
ヒヤリ・ハット分類	墜落・転落
年齢(経験年数)	28歳(6年)
発生日時	平成25年7月25日10時頃
どんな場所で	山林
どうしていた時	太い枝の剪定(せんてい)

● ヒヤリ・ハットの内容
　枝にかけていたロープが傷んでいた(後で聞いたところ、別の作業員は知っていた)。

● 対策
・ロープ使用前の点検。

伐採作業中に法面から石が転落

■ 職種	造園工
■ 起因物	その他
■ ヒヤリ・ハット分類	墜落・転落
■ 年齢(経験年数)	37歳(16年)
■ 発生日時	平成25年6月13日14時頃
■ どんな場所で	個人邸
■ どうしていた時	落葉が深く積もった法面での伐採作業。猛暑日だったため、午後からは気分がもうろうとしていた

●ヒヤリ・ハットの内容
法面のモウソウチク伐採作業時に、足元の直径200㎜程の石が落葉で気付かず、足を踏み入れたと同時に法面を石が転がり落ちた。幸いにも、ほかの切株で止まった。

●対策
- 木を切る前に足元の確認。
- 石や落葉を除去し作業足場を確保する。
- こまめに休憩をとり水分の補給をする。

10 法面工

10 法面工

親綱使用しながらの法面作業時に、・・・・・・・・・・・・・・・・・・・ 73
転倒しそうになった

法面が崩れて転倒しそうになった ・・・・・・・・・・・・・・・・・・・・ 73

親綱使用しながらの法面作業時に、転倒しそうになった

- **職種** 法面工
- **起因物** その他
- **ヒヤリ・ハット分類** つまずき・転倒
- **年齢(経験年数)** 52歳(9年)
- **発生日時** 平成25年7月25日15時頃
- **どんな場所で** 法面上

- **どうしていた時** 法面作業で親綱使用時

●ヒヤリ・ハットの内容
　無理な横引きをした際、足をすべらせ転倒しそうになった。

●対策
・親綱をまめに交換し作業する。
・無理な作業はしない。

法面が崩れて転倒しそうになった

- **職種** 法面工
- **起因物** その他
- **ヒヤリ・ハット分類** つまずき・転倒
- **年齢(経験年数)** 36歳(20年)
- **発生日時** 平成25年8月1日14時頃
- **どんな場所で** 法面上

- **どうしていた時** 地中梁建込み時に高さ50cmの法面上で作業している時

●ヒヤリ・ハットの内容
　法面に足をかけて上ろうとした際に、法面が崩れて転倒しそうになった。

●対策
・足をかける際は、足元の確認をする。
・法面が崩れない場所から昇降する。

11

タイル・石・ブロック工

11 タイル・石・ブロック工

足場鋼板につまずきそうになった ・・・・・・・・・・・・・・・・・・・ 77

足場鋼板につまずきそうになった

■ 職種	タイル工
■ 起因物	歩行・移動時
■ ヒヤリ・ハット分類	墜落・転落
■ 年齢（経験年数）	35歳（10年）
■ 発生日時	平成25年4月―日―時頃
■ どんな場所で	トラック荷台で
■ どうしていた時	材料搬入で、トラックの荷台とロングスパンEVの荷台の間に枠組足場の鋼板を架けてタイルを運搬していた時

● ヒヤリ・ハットの内容

タイルの箱（20kg）を抱えて運ぼうとした時、足元が箱で見えにくくなっていたために鋼板の端につまずいてバランスを崩した。

● 対策

・足元の確認を十分に行う。
・近距離の運搬でも肩にかつぐなどして、足元がよく見えるようにする。

11 タイル・石・ブロック工

12

内装工

12 内装工

立ち馬上から転落しそうになった① ・・・・・・・・・・・・・・・・・ 81

立ち馬上から転落しそうになった② ・・・・・・・・・・・・・・・・・ 81

脚立から落ちそうになった ・・・・・・・・・・・・・・・・・・・・・・・・ 82

延長コードでつまずきそうになった ・・・・・・・・・・・・・・・・ 82

サンダーが跳ねて体に当たりそうになった ・・・・・・・・・・ 83

カッターで手を切りそうになった ・・・・・・・・・・・・・・・・・・ 83

立ち馬上から転落しそうになった ①

■職種	内装工
■起因物	立ち馬使用
■ヒヤリ・ハット分類	天板踏み外し・転落
■年齢(経験年数)	45歳(27年)
■発生日時	平成25年8月6日11時00分頃
■どんな場所で	6階の床で
■どうしていた時	立ち馬にて、壁ボード貼り作業を行っている時（1人作業）

●ヒヤリ・ハットの内容
ボードを持ち上げる際、手がすべり、ボードの転落をさせまいと、自分もバランスを崩し立ち馬から転落しそうになった。

●対策
・ 2人作業で行う。
・ 手すりや安全帯を使って作業する。

立ち馬上から転落しそうになった ②

■職種	内装工
■起因物	立ち馬使用
■ヒヤリ・ハット分類	天板踏み外し・転落
■年齢(経験年数)	32歳(12年)
■発生日時	平成25年9月13日16時30分頃
■どんな場所で	マンション専用部床で
■どうしていた時	天井のクロス貼りをしていた時

●ヒヤリ・ハットの内容
立ち馬を使用して天井のクロス貼りをしていた時、きちんと水平が取れていなかったため、ぐらついて転落しかけた。

●対策
・ 立ち馬を確実に水平設置する。
・ 足元に注意して作業する。

脚立から落ちそうになった

■ 職種	内装工
■ 起因物	脚立使用
■ ヒヤリ・ハット分類	墜落・転落
■ 年齢（経験年数）	55歳（32年）
■ 発生日時	平成25年9月9日13時30分頃
■ どんな場所で	2階の床
■ どうしていた時	脚立足場板上に乗った時

●ヒヤリ・ハットの内容
　足場端部に乗った時に、足場板が天びんになり、転落しそうになった。

●対策
・ゴムバンドで確実に緊結する。

延長コードでつまずきそうになった

■ 職種	内装工
■ 起因物	歩行・移動時
■ ヒヤリ・ハット分類	つまずき・転倒
■ 年齢（経験年数）	29歳（10年）
■ 発生日時	平成25年9月12日17時頃
■ どんな場所で	マンション専用部（床）
■ どうしていた時	クロスの材料搬入の時

●ヒヤリ・ハットの内容
　電気BOXから部屋に引いていた延長コードにつまずいた。

●対策
・搬入の動線を確認し、確保しておく。
・足元に十分注意する。
※路ばい配線がないように元請に要請する。

サンダーが跳ねて体に当たりそうになった

■職種	内装工
■起因物	工具・資材
■ヒヤリ・ハット分類	飛散・落下
■年齢(経験年数)	44歳(20年)
■発生日時	平成15年 －月 －日15時頃
■どんな場所で	建物3階 内部
■どうしていた時	壁クロス下地サンダー掛け作業時

●ヒヤリ・ハットの内容
　内部壁クロス下地のサンダー掛け作業時、躯体に残っていた釘にサンダーの刃が当たりサンダーが跳ねた。

●対策
- 作業時の照明を確保する。
- サンダー掛け作業時、釘等が残っている可能性があると思い作業する。
- 保護具の着用（保護メガネ等）。

カッターで手を切りそうになった

■職種	シーリング
■起因物	工具・資材
■ヒヤリ・ハット分類	切創・刺創
■年齢(経験年数)	28歳(1年)
■発生日時	平成 －年 －月 －日 －時頃
■どんな場所で	外部足場上で
■どうしていた時	建具廻りのシーリングの養生で、バックアップ材をカッターナイフで切り、目地に詰めていた

●ヒヤリ・ハットの内容
　バックアップ材をカッターで切断しようとした時、バックアップを持っていた手がすべり、手を切りそうになった。

●対策
- カッターを使用する際は、耐切創手袋を使用する。
- カッターの刃は、よく切れるよう、小まめに替える。
- 狭い場所、動きにくい場所では、カッターの使用を控える。
- カッターを引く方向の付近に手を置かない。

13

ガラスエ

13 ガラス工

- トラック荷台から足をすべらせた・・・・・・・・・・・・・・・・・・・・・ 87
- 段差でつまずき転倒しそうになった・・・・・・・・・・・・・・・・・ 87
- 材料が人にぶつかりそうになった・・・・・・・・・・・・・・・・・・ 88

トラック荷台から足をすべらせた

職種	ガラス工
起因物	車両作業
ヒヤリ・ハット分類	墜落・転落
年齢（経験年数）	53歳（33年）
発生日時	平成25年6月5日8時40分頃
どんな場所で	建物1階搬入口
どうしていた時	7階のガラスを4tトラックからフォークで荷取りをしている時

●ヒヤリ・ハットの内容
　トラックの運転者が荷台に上がろうとした時、荷台の上部から足を踏み外しそうになった。

●対策
・立ち馬等を使用してトラック荷台に上がる。

段差でつまずき転倒しそうになった

職種	ガラス工
起因物	歩行・移動時
ヒヤリ・ハット分類	つまずき・転倒
年齢（経験年数）	48歳（28年）
発生日時	平成25年7月20日8時45分頃
どんな場所で	1階搬入ロングスパンエレベーターで
どうしていた時	ガラスをエレベーターの搬器に乗せている時

●ヒヤリ・ハットの内容
　ステージ上でガラスを2人で持って運んでいる時に、1人は後向きで搬器に入って行ったので足元が見えず、ステージと搬器の段差につまずいた。

●対策
・事前によく足元を確認しておく。
・相方と声を掛け合う。
・段差をなくすように工夫する。
・ゆっくりあせらず運ぶ。

材料が人にぶつかりそうになった

- **職種** ガラス工
- **起因物** 歩行・移動時
- **ヒヤリ・ハット分類** その他
- **年齢(経験年数)** 38歳(15年)
- **発生日時** 平成25年3月15日9時30分頃
- **どんな場所で** 1階廊下で
- **どうしていた時** 材料の搬入時

●ヒヤリ・ハットの内容
材料を搬入し通路を曲がろうとした時、前から突然人が出てきてぶつかりそうになった。

●対策
- 長い材料の時は、前後2人で持つようにする。
- 声を掛けるなどして、搬入中である事を分かるようにする。

14

屋根・板金工

14 屋根・板金工

屋根材(ポリエステル波板)から落ちそうになった ・・・・・・・・ 91

看板取り外し時に、バランスを崩して回転した ・・・・・・・・・・・ 91

屋根材(ポリエステル波板)から落ちそうになった

■職種	屋根・板金工
■起因物	その他
■ヒヤリ・ハット分類	墜落・転落
■年齢(経験年数)	70歳(45年)
■発生日時	平成20年9月10日14時頃
■どんな場所で	工場の屋根上
■どうしていた時	スレート屋根、葺き替え工事

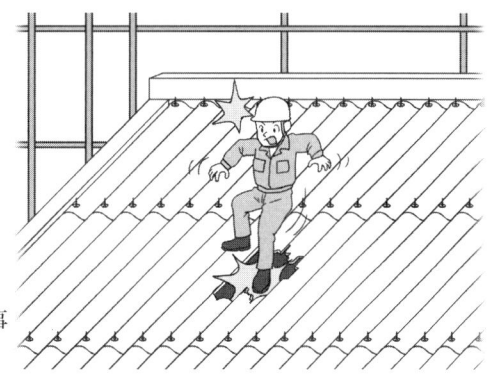

●ヒヤリ・ハットの内容
明かり採りポリエステル波板に足をのせた時、踏み抜いて落ちそうになった。

●対策
・トップライト作業計画書を作成する。
・屋根下部に水平ネットを設置する。
・幅30cm以上の歩み板を屋根上に設置し、歩み板以外の場所は水平ネットを敷く。

看板取り外し時に、バランスを崩して回転した

■職種	看板工
■起因物	重機・クレーン作業
■ヒヤリ・ハット分類	吊り荷落下
■年齢(経験年数)	63歳(3年)
■発生日時	平成24年12月14日14時頃
■どんな場所で	看板設置場所
■どうしていた時	道路上に張り出している看板を撤去しようとした時

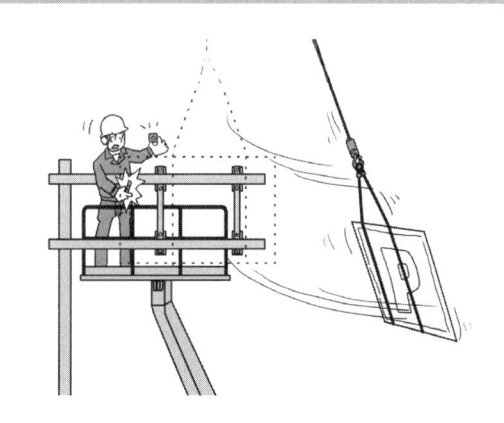

●ヒヤリ・ハットの内容
看板に2本がけで玉掛けし、作業を開始した。支柱に取り付けてあったボルトを外した瞬間、予測した重心とは大きく違い、看板がバランスを崩し、回転して外れた。

●対策
・事前に荷重を算出し、重心の位置を把握する。
・2本の玉掛け位置をできるだけ広げ、重心バランスがズレても回転しないようにする。
・周囲は完全に人払いをする。

15

防水工

15 防水工

確認不足で転落しそうになった・・・・・・・・・・・・・・・・・・・・・・・・・・ 95

確認不足で転落しそうになった

- **職種** 防水工
- **起因物** 昇降（階段等）時
- **ヒヤリ・ハット分類** 飛散・落下
- **年齢（経験年数）** 62歳（20年）
- **発生日時** 平成25年3月18日11時
- **どんな場所で** 防水工事現場

- **どうしていた時** 足場から昇降用はしごを降りようとした時

●ヒヤリ・ハットの内容
　はしごの最下段の踏み板が無く、足を踏み外しそうになった。

●対策
・はしごの確認をする。
・はしごに不備があった場合は元請に復旧をお願いする。

# 16

鋼製建具工

16 鋼製建具工

立ち馬が接触しそうになった ･････････････････････････ 99

確認不足で資材が接触、転倒しそうになった ････････ 99

移動時、転倒しそうになった ･･･････････････････････ 100

段差につまずき転倒しそうになった ･････････････････ 100

立ち馬が接触しそうになった

■ 職種	鋼製建具工
■ 起因物	立ち馬使用
■ ヒヤリ・ハット分類	飛散・落下
■ 年齢(経験年数)	29歳(9年)
■ 発生日時	平成25年6月5日10時
■ どんな場所で	工場
■ どうしていた時	シャッター修理工事

●ヒヤリ・ハットの内容
シャッター修理作業で使用するために設置しておいた立ち馬が強風により倒れ、立ち馬付近にいた作業員に接触しそうになった。

●対策
・立ち馬を使用していない時は、折りたたんで置いておく。
・周囲の状況を確認しておく。

確認不足で資材が接触、転倒しそうになった

■ 職種	鋼製建具工
■ 起因物	歩行・移動時
■ ヒヤリ・ハット分類	墜落・転落
■ 年齢(経験年数)	37歳(7年)
■ 発生日時	平成25年3月6日16時
■ どんな場所で	外部足場上
■ どうしていた時	サッシ搬入時

●ヒヤリ・ハットの内容
手渡しで下から上にサッシの引き渡し作業をしていた際、相手をよく見ないでサッシを引きあげようとしたため、サッシが振れ、接触しそうになり、避けようとした作業員が足場より転落しそうになった。

●対策
・他の作業員と上下作業になる時は、必ず声掛けをする(上下作業注意)。

移動時、転倒しそうになった

■ 職種	鋼製建具工
■ 起因物	歩行・移動時
■ ヒヤリ・ハット分類	つまずき・転倒
■ 年齢(経験年数)	41歳(19年)
■ 発生日時	平成25年8月7日9時30分頃
■ どんな場所で	1階 通路
■ どうしていた時	スチール枠を荷下ろし後、仮置き場に運搬時

● ヒヤリ・ハットの内容
約10cmの段差につまずき、転倒しそうになった。

● 対策
- 作業前に作業通路の段差の有無を確認する。
- 段差部分に板を敷き、段差をなくす。
- 足元の確認を行う。

段差につまずき転倒しそうになった

■ 職種	鋼製建具工
■ 起因物	歩行・移動時
■ ヒヤリ・ハット分類	つまずき・転倒
■ 年齢(経験年数)	43歳(16年)
■ 発生日時	平成25年6月24日13時
■ どんな場所で	現場内廊下にて
■ どうしていた時	作業場所に道具を取りに、急いで戻ろうとした時

● ヒヤリ・ハットの内容
暗かったので床の段差に気付かず、転倒しそうになった。

● 対策
- 落ち着いて焦らず行動する。
- 足元の確認をする。
- 暗い場所では照明を使用する。

17

設備機械工

17 設備機械工

立ち馬が倒れそうになった ･･････････････････････････ 103

立ち馬が倒れそうになった

- **職種** 　　　　　設備機械工
- **起因物** 　　　　立ち馬使用
- **ヒヤリ・ハット分類** 　天板踏み外し・転落
- **年齢（経験年数）** 　35歳（14年）
- **発生日時** 　　　平成25年2月2日16時
- **どんな場所で** 　EVシャフト内ステージ

- **どうしていた時** 　EVシャフト内ステージ、ステージ組立て中

●ヒヤリ・ハットの内容
　立ち馬の脚が片足浮いた。

●対策
・無理な体勢で作業しない。
・立ち馬はこまめに移動して使用する。

17 設備機械工

18

電工

18 電工

- 立ち馬上から転落しそうになった ･････････････ 107
- 階段で転倒しそうになった ･･････････････････ 107
- 通行禁止の場所を通ろうとして
転落しそうになった ･･････････････････････ 108
- バランスを崩して転倒しそうになった ･････････ 108
- 仮設コンセントに当たりそうになった ･････････ 109
- 吊り金物に頭をぶつけそうになった ･･･････････ 109
- 単管に顔がぶつかりそうになった ･････････････ 110
- 配管を下階の床まで落下させてしまった ･･･････ 110
- 材料袋からナットを落下させてしまった ･･･････ 111
- 破損した仮設コンセントで感電しそうになった ･････ 111
- フロアー材で手の指を挟みそうになった ･･･････ 112
- ナイフで指を切りそうになった ･･･････････････ 112
- アングルピースが脱けて落下した ･････････････ 113

立ち馬上から転落しそうになった

職種	電工
起因物	立ち馬使用
ヒヤリ・ハット分類	天板踏み外し・転落
年齢（経験年数）	38歳（20年）
発生日時	平成25年7月8日9時頃
どんな場所で	EPS内で
どうしていた時	立ち馬上で作業中

●ヒヤリ・ハットの内容
立ち馬の脚が床スリーブ穴に落ちて、バランスを崩し転落しそうになった。

●対策
・立ち馬の設置場所の作業前点検を行う。
・床スリーブ穴の養生をする。
・立ち馬設置時の脚部確認。
・安全帯が使用できる場所では安全帯を使用する。

階段で転倒しそうになった

職種	電工
起因物	昇降（階段等）時
ヒヤリ・ハット分類	つまずき・転倒
年齢（経験年数）	34歳（10年）
発生日時	平成25年8月26日14時頃
どんな場所で	建物内、地下1階から1階への階段で
どうしていた時	携帯電話で通話をしながら階段を上がっていた時

●ヒヤリ・ハットの内容
足を踏み外し、転倒しそうになった。

●対策
・通話中は周囲への注意が散漫になるので、安全な場所で立ち止まってから電話をする。
・階段を上がりながら電話をしない。

18 電工

通行禁止の場所を通ろうとして転落しそうになった

- 職種　　　　　　電工
- 起因物　　　　　歩行・移動時
- ヒヤリ・ハット分類　墜落・転落
- 年齢(経験年数)　　36歳(13年)
- 発生日時　　　　平成25年9月7日14時頃
- どんな場所で　　建物内（1階）から外部への通路
- どうしていた時　休憩しようと休憩所へ向かって歩いている時

●ヒヤリ・ハットの内容
通行禁止だったのを忘れていて、外に出ようとしたら足元が掘削されていて転落しそうになった。

●対策
- 立入禁止・通行禁止措置を確実に行う。
- 朝礼での立入禁止区域の周知徹底。
- ＫＹＣでの立入禁止・通行禁止場所の確認と周知。

バランスを崩して転倒しそうになった

- 職種　　　　　　電工
- 起因物　　　　　歩行・移動時
- ヒヤリ・ハット分類　つまずき・転倒
- 年齢(経験年数)　　36歳(16年)
- 発生日時　　　　平成25年7月17日16時頃
- どんな場所で　　作業場所で
- どうしていた時　深さ30cmほどの溝に架けられた木製足場板上を通ろうとした時

●ヒヤリ・ハットの内容
想像以上に足場板がしなり、バランスを崩して転倒しそうになった。

●対策
- 鋼製の渡り板を設置する。
- 足場板を2枚重ね以上にして、しならないように強度を上げる。

仮設コンセントに当たりそうになった

- **職種** 電工
- **起因物** 歩行・移動時
- **ヒヤリ・ハット分類** 障害物・作業者接触
- **年齢(経験年数)** 36歳(16年)
- **発生日時** 平成25年8月5日14時頃
- **どんな場所で** 建物内の廊下で
- **どうしていた時** 通行していて振り向いた時

●ヒヤリ・ハットの内容
　仮設コンセントが目の前にあり、当たりそうになった。

●対策
・仮設ケーブルを巻き上げて、頭の高さより上の位置にする。

吊り金物に頭をぶつけそうになった

- **職種** 電工
- **起因物** 歩行・移動時
- **ヒヤリ・ハット分類** 障害物・作業者接触
- **年齢(経験年数)** 37歳(17年)
- **発生日時** 平成20年11月10日13時頃
- **どんな場所で** 天井足場上で
- **どうしていた時** 足場上を歩いていた時

●ヒヤリ・ハットの内容
　プロジェクターの吊り金物に頭をぶつけそうになった。

●対策
・目線の高さにあるものは、トラテープ等で危険を知らせる表示を行う。
・万が一接触してもケガをしないように養生しておく。

単管に顔がぶつかりそうになった

職種	電工
起因物	歩行・移動時
ヒヤリ・ハット分類	障害物・作業者接触
年齢(経験年数)	36歳(7年)
発生日時	平成25年8月15日10時頃
どんな場所で	足場上で
どうしていた時	室内から廊下に移動中

●ヒヤリ・ハットの内容
　暗い場所から明るい場所への移動で、よく見えなかったことと、足元の単管に気をとられていたことで、目の前の単管に顔がぶつかりそうになった。

●対策
・足場が組んである場所の移動は足元だけでなく、周囲を確認して移動する。
・暗い場所から明るい場所(その逆も)への移動時は、目が慣れるまで少し時間がかかるので、余裕をもって移動する。

配管を下階の床まで落下させてしまった

職種	電工
起因物	工具・資材
ヒヤリ・ハット分類	飛散・落下
年齢(経験年数)	25歳(7年)
発生日時	平成25年6月17日11時頃
どんな場所で	電気室内で
どうしていた時	既設配管(床貫通配管)を撤去していた時

●ヒヤリ・ハットの内容
　撤去している配管を落下させてしまい、下階の天井板を破って床まで落としてしまった。

●対策
・作業時は下階を立入禁止とし、人がいないことを確認して作業する。
・撤去した配管が落下しないように、事前に落下防止措置を行ってから作業する。

材料袋からナットを落下させてしまった

職種	電工
起因物	工具・資材
ヒヤリ・ハット分類	飛散・落下
年齢(経験年数)	43歳(15年)
発生日時	平成25年6月13日13時頃
どんな場所で	無線基地局工事の引込柱上で
どうしていた時	引込柱上で電力引込み線のバンド取付作業をしていた時

●ヒヤリ・ハットの内容
材料袋に材料を詰めすぎていて、入れていたバンドを取り出す際、材料が引っ掛かり、弾みでナットが落下した。

●対策
- 材料袋に材料を詰め込みすぎないようにする。
- ナット類は材料袋内で他の材料と混在しないような措置をしておく。

破損した仮設コンセントで感電しそうになった

職種	電工
起因物	電気作業
ヒヤリ・ハット分類	感電
年齢(経験年数)	34歳(16年)
発生日時	平成25年7月18日14時頃
どんな場所で	共用部の廊下で
どうしていた時	仮設のコンセント(堤灯コンセント)を撤去していた時

●ヒヤリ・ハットの内容
コンセントカバーが割れていて感電しそうになった。

●対策
- 撤去するコンセントのスイッチが切ってあるか事前に確認する。
- 作業前にカバーが破損していないかを確認する。
- 充電部や配線が露出していないか確認してから作業する。

18 電工

フロアー材で手の指を挟みそうになった

職種	電工
起因物	電気作業
ヒヤリ・ハット分類	手指挟まれ
年齢(経験年数)	48歳(12年)
発生日時	平成25年7月23日
どんな場所で	改修工事の室内で
どうしていた時	OAフロアー内の配線工事を終えて、OAフロアーを復旧しようとした時

●ヒヤリ・ハットの内容
　作業姿勢のバランスを崩して転倒しかけ、OAフロアー材で手の指を挟みそうになった。

●対策
・ムリな姿勢で作業しない。
・手を置く位置に注意する。

ナイフで指を切りそうになった

職種	電工
起因物	電気作業
ヒヤリ・ハット分類	切創・刺創
年齢(経験年数)	22歳(半年)
発生日時	平成25年8月20日16時頃
どんな場所で	地下1階の室内で
どうしていた時	電工ナイフを使用し、ケーブルの被覆を剥いでいた時

●ヒヤリ・ハットの内容
　ナイフの刃がすべり、指を切りそうになった。

●対策
・ナイフの進行方向に指を置かない。
・保護手袋（皮手袋等）を使用する。

アングルピースが脱けて落下した

- 職種　　　　　　　電工
- 起因物　　　　　　工具・資材
- ヒヤリ・ハット分類　飛散・落下
- 年齢(経験年数)　　45歳(23年)
- 発生日時　　　　　平成25年9月12日17時頃
- どんな場所で　　　自動ラック倉庫
- どうしていた時　　配管架台撤去（手直し）作業時

●ヒヤリ・ハットの内容
配管架台撤去時にアングルピースが脱落し、下階まで落下した。

●対策
- 落下の恐れのあるものは、ロープを掛ける等の落下防止措置をする。
- 作業エリアの直下の立入禁止、人払いを行う。
- 落下防止ネットなどの設置を検討する。

19

設備工

19 設備工

高所作業車からダクトが落ちそうになった ………… 117
上部配管に頭をぶつけそうになった ……………… 117
入口の三方枠と作業車に首を挟まれそうになった …… 118
高所作業車が突然バックしてひかれそうになった …… 118
立ち馬上から転落しそうになった ………………… 119
脚立から転落しそうになった ……………………… 119
足がすべって脚立から転落しそうになった ………… 120
配管を3階から地上まで落下させてしまった ……… 120
熱中症危険度表示が危険を示し、発汗も異常だった …… 121
持っていたパイプが、人にぶつかりそうになった …… 121
立ち馬に昇ろうとして倒れそうになった ………… 122

高所作業車からダクトが落ちそうになった

- **職種** ダクト工
- **起因物** 高所作業車使用
- **ヒヤリ・ハット分類** 飛散・落下
- **年齢（経験年数）** 51歳（31年）
- **発生日時** 平成25年5月15日13時頃
- **どんな場所で** 高所作業車上で
- **どうしていた時** ダクト吊り込み作業中

●ヒヤリ・ハットの内容
高所作業車の上からダクトが落ちそうになった。

●対策
- ダクトが落下しないように固定する。
- 資材の状態を確認する。
- 作業に集中し、手がすべらないように手元確認をする。

上部配管に頭をぶつけそうになった

- **職種** 設備工
- **起因物** 高所作業車使用
- **ヒヤリ・ハット分類** 作業床・上部挟まれ
- **年齢（経験年数）** 36歳（11年）
- **発生日時** 平成25年9月9日13時30分頃
- **どんな場所で** 機械室内
- **どうしていた時** 配管の吊りバンドを取り付けていた時

●ヒヤリ・ハットの内容
高所作業車の作業床を上げていたら上部配管に頭をぶつけそうになった。

●対策
- 作業床を上昇させるときは作業場所の上部、頭上を確認してから上昇させる。

入口の三方枠と作業車に首を挟まれそうになった

■ 職種	設備工
■ 起因物	高所作業車使用
■ ヒヤリ・ハット分類	作業床・上部挟まれ
■ 年齢(経験年数)	49歳(30年)
■ 発生日時	平成25年5月27日16時10分頃
■ どんな場所で	病院改修工事の屋内で
■ どうしていた時	高所作業車で移動中

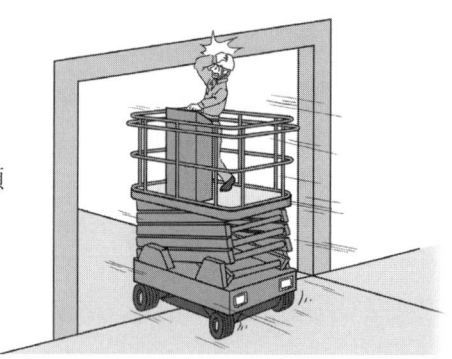

●ヒヤリ・ハットの内容
　入口の三方枠と作業車に首を挟まれそうになった。

●対策
・移動の際は、周囲の確認と三方枠の高さの確認を、高所作業車に乗る前に実測する。
・「大丈夫だろう」という意識で安易に行動しない。

高所作業車が突然バックしてひかれそうになった

■ 職種	設備工
■ 起因物	高所作業車使用
■ ヒヤリ・ハット分類	機体・作業者接触
■ 年齢(経験年数)	52歳(17年)
■ 発生日時	平成25年4月22日16時30分頃
■ どんな場所で	空港のロビーで
■ どうしていた時	現場内を移動中

●ヒヤリ・ハットの内容
　高所作業車が動くとは思わず、直近を通過しようとしたところ、突然バックして来てひかれそうになった。

●対策
・高所作業車の直近を通行しない。
・突然動くかもしれないということを予測しておく（危険予知）。

立ち馬上から転落しそうになった

職種	設備工
起因物	立ち馬使用
ヒヤリ・ハット分類	天板踏み外し・転落
年齢（経験年数）	44歳（26年）
発生日時	平成25年5月31日16時30分頃
どんな場所で	地下1階 床上で
どうしていた時	立ち馬上でパイプレンチでパイプを締めている時に

●ヒヤリ・ハットの内容
　締め付けに力を入れた際にレンチがすべってしまい、バランスを崩して立ち馬から転落しそうになった。

●対策
・レンチがしっかり噛んでいるかを確認する。
・無理な姿勢で作業しない。
・反動がかかる作業をしない。
・安全帯が使用できる場所では安全帯を使用する。

脚立から転落しそうになった

職種	設備工
起因物	脚立使用
ヒヤリ・ハット分類	昇降中転落
年齢（経験年数）	36歳（12年）
発生日時	平成24年8月10日10時頃
どんな場所で	室内
どうしていた時	鉄管を持ちながら脚立を昇降中

●ヒヤリ・ハットの内容
　鉄管を持ちながら脚立を昇降中に、脚立がグラついてバランスを崩し転落しそうになった。

●対策
・物を持ったまま昇降しない。
・脚立の足元を確認する。
・脚立を水平に設置する。

19 設備工

足がすべって脚立から転落しそうになった

職種	設備工
起因物	脚立使用
ヒヤリ・ハット分類	脚立転倒
年齢（経験年数）	31歳（半年）
発生日時	平成25年6月7日14時頃
どんな場所で	改修工事の屋外（雨天）
どうしていた時	配管完了後、配管固定金具の締め付けをしていた時

●ヒヤリ・ハットの内容
　雨で地面がぬかるみ、脚立の足元がすべって落下しそうになった。

●対策
・脚立の脚元がすべらないようにしっかりと設置する。
・設置場所の状態が悪いときは、設置場所の状態を改善する。
・立ち馬が使用できる場所では立ち馬を使用する。

配管を3階から地上まで落下させてしまった

職種	設備工
起因物	資材・工具
ヒヤリ・ハット分類	飛散・落下
年齢（経験年数）	24歳（1年）
発生日時	平成25年7月22日14時頃
どんな場所で	解体工事 3階外壁足場上
どうしていた時	外壁に面する冷媒配管を足場上に撤去作業している時

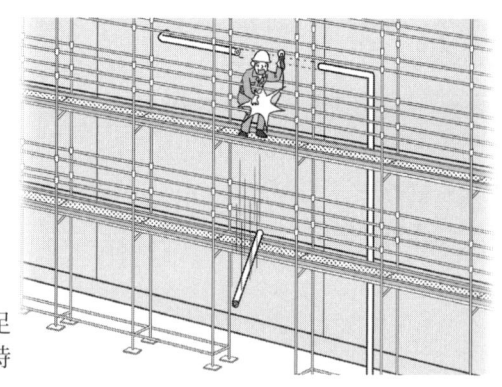

●ヒヤリ・ハットの内容
　ベビーサンダーで切り離した撤去配管を受け止められず、3階足場上から地上まで落下させてしまった。

●対策
・高所での配管撤去作業では、切り離す人と撤去配管を持つ人で役割分担を徹底し、撤去配管には事前にロープを掛けて落下防止対策を行う。

熱中症危険度表示が危険を示し、発汗も異常だった

- 職種　　　　　　設備工
- 起因物　　　　　その他
- ヒヤリ・ハット分類　熱中症
- 年齢（経験年数）　34歳（10年）
- 発生日時　　　　平成25年7月10日12時頃
- どんな場所で　　現場入口
- どうしていた時　昼の休憩中

●ヒヤリ・ハットの内容
発汗状態が異常だったので、現場の熱中症危険度表示を見たら、危険表示になっていた。

●対策
・水分、塩分の補給と適度な休憩を取る。

持っていたパイプが、人にぶつかりそうになった

- 職種　　　　　　設備工
- 起因物　　　　　歩行・移動時
- ヒヤリ・ハット分類　その他
- 年齢（経験年数）　33歳（10年）
- 発生日時　　　　平成25年8月9日15時45分頃
- どんな場所で　　共同廊下
- どうしていた時　パイプを搬入している時

●ヒヤリ・ハットの内容
コーナーを曲がる際に死角から人が出てきて、持っていたパイプと接触しそうになった。

●対策
・コーナーを曲がる時は、人が出てくることを予想して、大きく曲がり、死角を減らす。

19 設備工

立ち馬に昇ろうとして倒れそうになった

■職種	保温工
■起因物	立ち馬使用
■ヒヤリ・ハット分類	昇降ステップの踏み外し
■年齢（経験年数）	46歳（26年）
■発生日時	平成25年4月4日14時30分頃
■どんな場所で	1階バックヤード部
■どうしていた時	立ち馬を使って配管の保温作業を行う為、材料を持って立ち馬に昇ろうとした時

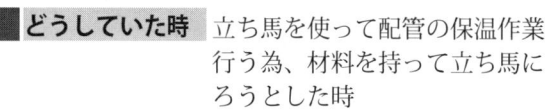

●ヒヤリ・ハットの内容
　手掛かり棒を持とうとした手がすべり、バランスを崩し転倒しそうになった。

●対策
・立ち馬の昇降は手と足で必ず3点支持となるような姿勢で昇降する。
・物を持って立ち馬の昇降をしない。

20 コンクリート・舗装工

20 コンクリート・舗装工

地中梁型枠上を通行時、桟木が外れた ………… 125

スラブ段差に足を落とし転倒した ………………… 125

測量中車にはねられそうになった ………………… 126

モルタル圧送ホースが破裂し飛散した ………… 126

スラブ均し中、生コンが目に入りそうになった …… 127

レールが荷崩れして、足が挟まれそうになった …… 127

地中梁型枠上を通行時、桟木が外れた

- 職種　　　　　　コンクリート工
- 起因物　　　　　歩行・移動時
- ヒヤリ・ハット分類　墜落・転落
- 年齢（経験年数）　44歳（7年）
- 発生日時　　　　平成25年6月14日10時40分頃
- どんな場所で　　地中梁上で
- どうしていた時　地中梁型枠上を移動中に

●ヒヤリ・ハットの内容
桟木がはずれて転落しかけた。

●対策
・鉄筋型枠上を移動しない（歩かない）。
・作業足場を確保する。

スラブ段差に足を落とし転倒した

- 職種　　　　　　コンクリート工
- 起因物　　　　　歩行・移動時
- ヒヤリ・ハット分類　つまずき・転倒
- 年齢（経験年数）　45歳（20年）
- 発生日時　　　　平成25年7月20日16時00分頃
- どんな場所で　　建物内部
- どうしていた時　コンクリート出来形検査時

●ヒヤリ・ハットの内容
上部を点検しながら、歩行中、段差（約20cm）に気が付かないで転んだ。

●対策
・小さな段差であっても、危険であるという意識を持って行動する。
・足元の安全確認をする。

測量中車にはねられそうになった

職種	施工管理
起因物	歩行・移動時
ヒヤリ・ハット分類	車両・作業者接触
年齢(経験年数)	38歳(20年)
発生日時	平成25年9月9日23時00分頃
どんな場所で	片側交互規制(夜間)
どうしていた時	測量のポイントの明示をしようと反対車線に渡ろうとした時

●ヒヤリ・ハットの内容
　一般車両に気付くのが遅れ、ヒヤッとしました。

●対策
・誘導員を配置する。
・横断の際は指差呼称を行う。
・公道での夜間作業では反射ベストを着用する。

モルタル圧送ホースが破裂し飛散した

職種	コンクリート工
起因物	工具・資材
ヒヤリ・ハット分類	飛散・落下
年齢(経験年数)	53歳(25年)
発生日時	平成25年7月5日15時30分頃
どんな場所で	鉄道施設の耐震補強工事の現場で
どうしていた時	無収縮モルタルを8.0m上の箇所まで、モルタルポンプ(スクイーズポンプ)で圧送していた時

●ヒヤリ・ハットの内容
　モルタルの砂分が沈降して詰まり、圧力が上がってホースが破裂し、モルタルが飛散した。

●対策
・広範囲にシートで養生する。
・ホースを高耐圧タイプに交換する。

スラブ均し中、生コンが目に入りそうになった

職種	コンクリート工
起因物	工具・資材
ヒヤリ・ハット分類	飛散・落下
年齢(経験年数)	34歳(17年)
発生日時	平成25年7月9日13時頃
どんな場所で	スラブ上で
どうしていた時	均し作業中

●ヒヤリ・ハットの内容
　生コンがはねて目に入りそうになった。

●対策
・ポンプの筒先に立たない。
・やむなく立つ際は保護メガネを着用する。

レールが荷崩れして、足が挟まれそうになった

職種	舗装工
起因物	車両作業
ヒヤリ・ハット分類	荷崩れ
年齢(経験年数)	43歳(18年)
発生日時	平成25年9月10日15時頃
どんな場所で	トンネル坑内
どうしていた時	コンクリート舗装のレールを設置している時

●ヒヤリ・ハットの内容
　フォークリフトが停止したので、積んでいるレールを取ろうとした時に、レールが崩れて足が挟まれそうになった。

●対策
・停止していても、近づいて作業するときは、積んでいる状態を確認して、崩れても挟まれない方向から作業する。

20 コンクリート・舗装工

21

土工

21 土工

- 脚立から転落しそうになった ・・・・・・・・・・・・・・・・・・・ 131
- ダンプから玉石が落ちてきた ・・・・・・・・・・・・・・・・・・・ 131
- 吊りフックと接触しそうになった ・・・・・・・・・・・・・・・ 132
- ローラーが転落しそうになった ・・・・・・・・・・・・・・・・・ 132
- バックホウにひかれそうになった ・・・・・・・・・・・・・・・ 133
- タイヤローラーがバックしてきて、ひかれそうになった ・・・・・・・・・・・・・・・・・ 133
- 敷鉄板と建物の間に手を挟まれそうになった ・・・・・・・ 134
- 生コン車と接触しそうになった ・・・・・・・・・・・・・・・・・ 134
- 荷がすべって不安定な状態になった ・・・・・・・・・・・・・ 135
- 近道して転倒しそうになった ・・・・・・・・・・・・・・・・・・・ 135
- ダンプの横を通ろうとした時、ひかれそうになった ・・・・ 136
- コネクターを差し込んだらサンダーがいきなり動き出した ・・・・・・・・・・・・・・・・・ 136
- 草刈機の刃が単管に当たりはじかれた ・・・・・・・・・・・・ 137
- 転がしているボンベが足の上に乗り上げた ・・・・・・・・・ 137
- 外部階段で踏み外し、転倒しそうになった ・・・・・・・・・ 138
- 鉄ピン打設時、鉄ピン上部が欠けて飛散した ・・・・・・・ 138
- 玉掛け作業中、資材とぶつかりそうになった ・・・・・・・ 139
- 掘削作業中に、作業員と接触しそうになった ・・・・・・・ 139

脚立から転落しそうになった

■ 職種	土工
■ 起因物	脚立使用
■ ヒヤリ・ハット分類	墜落・転落
■ 年齢(経験年数)	39歳(13年)
■ 発生日時	平成25年7月10日11時頃
■ どんな場所で	パイプシャフト内で
■ どうしていた時	天井ダメ穴の型枠を撤去している時

●ヒヤリ・ハットの内容
　脚立の足が、スリーブの穴に落ち、バランスがくずれた。

●対策
・脚立を使用する際は作業床の点検を行う。

ダンプから玉石が落ちてきた

■ 職種	土工
■ 起因物	車両作業
■ ヒヤリ・ハット分類	飛散・落下
■ 年齢(経験年数)	47歳(20年)
■ 発生日時	平成25年3月17日16時頃
■ どんな場所で	河川堤防上で
■ どうしていた時	工事用道路土砂を撤去、積み込み作業中に

●ヒヤリ・ハットの内容
　重機オペレーターに伝達があり、重機に近づく際、ダンプから玉石が目の前に落ちてきた。

●対策
・安全通路を通行する。
・小石投げ運動及びグーパー運動の実施。

吊りフックと接触しそうになった

- **職種**　　　　　　土工
- **起因物**　　　　　重機・クレーン作業
- **ヒヤリ・ハット分類**　吊り荷接触
- **年齢（経験年数）**　62歳（35年）
- **発生日時**　　　　平成25年7月23日16時頃
- **どんな場所で**　　策道の吊りフックの下で
- **どうしていた時**　策道の吊り荷フックを無線で誘導していた時

●ヒヤリ・ハットの内容
吊り上げる荷のワイヤーを段取りする事に気を取られ、下げの止め合図を忘れ、フックと自分が接触しそうになった。

●対策
- 合図中は合図に徹する。
- 吊り具と吊り荷から目を離さない。

ローラーが転落しそうになった

- **職種**　　　　　　土工
- **起因物**　　　　　重機・クレーン作業
- **ヒヤリ・ハット分類**　機体転倒・転落
- **年齢（経験年数）**　31歳（13年）
- **発生日時**　　　　平成25年8月29日9時頃
- **どんな場所で**　　場内盛土場所で
- **どうしていた時**　ハンドガイド式ローラーで転圧作業中

●ヒヤリ・ハットの内容
路肩に寄り過ぎて、斜面下方に落ちそうになった。

●対策
- 路肩作業は事前に地形地質を確認する。
- ガイドラインを出しておく。

バックホウにひかれそうになった

■ 職種	土工
■ 起因物	重機・クレーン作業
■ ヒヤリ・ハット分類	機体・作業者接触
■ 年齢(経験年数)	60歳(32年)
■ 発生日時	平成25年6月14日11時頃
■ どんな場所で	埋め戻し作業場所で
■ どうしていた時	投入した土砂をバックホウで均し中に

●ヒヤリ・ハットの内容
バックホウの後方に立入ったところ、バックホウがバックしてきて足とキャタピラーが接触しそうになった。

●対策
- 重機作業エリア内立入禁止。
- やむを得ずバックホウに近づくときは、オペレーターに合図を出し安全を確保する。

タイヤローラーがバックしてきて、ひかれそうになった

■ 職種	施工管理
■ 起因物	重機・クレーン作業
■ ヒヤリ・ハット分類	機体・作業者接触
■ 年齢(経験年数)	43歳(19年)
■ 発生日時	平成25年8月13日15時頃
■ どんな場所で	道路新設現場
■ どうしていた時	バックホウによる改良後の路床整正作業時に行う仕上がり高さ丁張り作業時

●ヒヤリ・ハットの内容
丁張り作業時に路床整正作業のタイヤローラが丁張り作業を行っている方向に後進をしてきた。タイヤローラーのオペレーターが、後方で丁張り作業を行っている作業員に気付いていないようだったので、誘導員が大声で静止を促し停止した。

●対策
- 作業箇所の移動時は重機オペレーターに声掛けを行うようにする。
- 必要に応じてタイヤローラーに接近センサーを設置し、オペレーターに注意を促す。

敷鉄板と建物の間に手を挟まれそうになった

■ 職種	土工
■ 起因物	重機・クレーン作業
■ ヒヤリ・ハット分類	敷鉄板接触
■ 年齢(経験年数)	41歳(10年)
■ 発生日時	平成25年9月10日9時頃
■ どんな場所で	埋戻し箇所
■ どうしていた時	地中梁上に養生用の敷鉄板を、クレーンを使用して設置する作業をしていた時

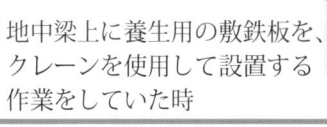

●ヒヤリ・ハットの内容
　鉄板を2人で押さえて位置決めをしていたが、合図(声かけ)が明確でなく、もう1人が敷鉄板から手を離したところ、吊っていた敷鉄板が荷振れして、隣接する建物との間に手を挟みそうになった。

●対策
・合図や声掛けを明確にする。
・荷が振れることも予測しておき、手を挟まれる恐れのある部分に手を添えないようにする。

生コン車と接触しそうになった

■ 職種	土工
■ 起因物	車両作業
■ ヒヤリ・ハット分類	車両・作業者接触
■ 年齢(経験年数)	59歳(36年)
■ 発生日時	平成−年−月−日−時頃
■ どんな場所で	現場出入り口ゲート付近
■ どうしていた時	歩行していた時

●ヒヤリ・ハットの内容
　コンクリート打設日で、生コン車が頻繁に出入りしていた。携帯電話で通話しながら歩行していたところ、生コン車と接触しそうになった。

●対策
・通話中は注意力が低下するので、歩行中には電話しない。
・電話をする際は、安全な場所で停止してからにする。

荷がすべって不安定な状態になった

職種	土工
起因物	車両作業
ヒヤリ・ハット分類	荷崩れ
年齢(経験年数)	44歳(1年)
発生日時	平成24年10月9日11時頃
どんな場所で	道路上で
どうしていた時	バリケード解体・撤去の単管をWキャブのやぐらに掛けて、ロープにて固縛(こばく)・運搬中に

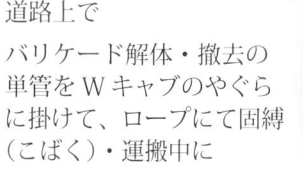

●ヒヤリ・ハットの内容
単管が横にすべって不安定な状態になった。

●対策
・やぐらと単管を一体化させるように、ロープで追固縛(こばく)し安定させた。

近道して転倒しそうになった

職種	土工
起因物	歩行・移動時
ヒヤリ・ハット分類	つまずき・転倒
年齢(経験年数)	57歳(20年)
発生日時	平成 －年 －月 －日 －時頃
どんな場所で	宅地造成現場にて
どうしていた時	材料を人力で運搬していた時

●ヒヤリ・ハットの内容
法肩を歩いていて、転倒しそうになった。

●対策
・近道をせず、決められた通路を通行する。

ダンプの横を通ろうとした時、ひかれそうになった

職種	土工
起因物	歩行・移動時
ヒヤリ・ハット分類	機体・作業者接触
年齢(経験年数)	62歳(43年)
発生日時	平成25年8月12日10時20分頃
どんな場所で	砕石仮置き場で
どうしていた時	10tダンプの横を歩いていた時

●ヒヤリ・ハットの内容
　ダンプが積み込み完了して発車したが、ダンプと砕石の山との間が狭かったため、ダンプにひかれそうになった。

●対策
・近道をせず、決められた作業通路を通行する。
・せまい場所は車両の横をすり抜けないようにする。
・車両の近接を通行するときはかならず声掛けし、運転手に気付いてもらうようにする。

コネクターを差し込んだらサンダーがいきなり動き出した

職種	土工
起因物	工具・資材
ヒヤリ・ハット分類	切創・刺創
年齢(経験年数)	42歳(18年)
発生日時	平成 −年 −月− 日− 時頃
どんな場所で	宅地造成現場にて
どうしていた時	人孔管口仕上げ作業の準備中に

●ヒヤリ・ハットの内容
　サンダーのコネクターを差し込んだ瞬間、サンダーが回転し始めたので、慌ててコネクターを引き抜き停止させた。

●対策
・電動工具はコネクターを差し込む前に、スイッチがオフになっているか確認してから差し込む。
・準備の段階で点検する。

草刈機の刃が単管に当たりはじかれた

■職種	土工
■起因物	工具・資材
■ヒヤリ・ハット分類	その他
■年齢(経験年数)	38歳(18年)
■発生日時	平成25年7月 —日— 時頃
■どんな場所で	現場の走路脇で
■どうしていた時	草刈作業中に

●ヒヤリ・ハットの内容
　打ち込み単管があり、草刈機の刃が当たり、少しはじかれた。

●対策
・草の量が多く、作業が少し雑になっていたので、あせらず、刃先を確認しながら障害物などに注意をしながら作業を行う。

転がしているボンベが足の上に乗り上げた

■職種	土工
■起因物	工具・資材
■ヒヤリ・ハット分類	その他
■年齢(経験年数)	44歳(25年)
■発生日時	平成— 年 —月— 日 —時頃
■どんな場所で	濁水プラント処理施設内
■どうしていた時	空のガスボンベを新しいボンベに交換していた時

●ヒヤリ・ハットの内容
　新しいボンベを設置するために転がして移動していた時、バランスを崩し、ボンベが足の上に乗り上げた。安全靴を着用していなければ、骨折していた可能性もあった。

●対策
・保護具着用の徹底。
・足元の安全確認。
・作業姿勢や作業場所の確認。

外部階段で踏み外し、転倒しそうになった

■職種	土工
■起因物	昇降（階段等）時
■ヒヤリ・ハット分類	つまずき・転倒
■年齢（経験年数）	28歳（10年）
■発生日時	平成25年9月6日19時頃
■どんな場所で	マンション現場の外部階段で
■どうしていた時	材料・工具の片付けをしていた時

●ヒヤリ・ハットの内容
　外部階段を下りている時に、足元が暗かったため路面が三角形になっていることに気付かず、踏み外して転倒しそうになった。

●対策
・外部階段等で電灯が設置されていない場合は、各自で電灯やヘッドライト等を用意して足元を照らすようにする。
・階段での作業時は、特に足元の確認に努めるようにする。

鉄ピン打設時、鉄ピン上部が欠けて飛散した

■職種	土工
■起因物	工具・資材
■ヒヤリ・ハット分類	飛散・落下
■年齢（経験年数）	24歳（3年）
■発生日時	平成25年8月19日14時30分頃
■どんな場所で	造成現場
■どうしていた時	地盤が硬く、木杭が入らないので、鉄ピンを打設しようとしていた時

●ヒヤリ・ハットの内容
　鉄ピン上部が欠けて飛散し、上肩部に当たった。

●対策
・鉄ピン打設時は、上部をビニールテープで巻く。
・保護メガネと手袋を必ず装着する。

玉掛け作業中、資材とぶつかりそうになった

- **職種** 土工
- **起因物** 重機・クレーン作業
- **ヒヤリ・ハット分類** 吊り荷接触
- **年齢（経験年数）** 58歳（35年）
- **発生日時** 平成20年5月―日14時頃
- **どんな場所で** 土止め支保工、切梁上

- **どうしていた時** クレーン作業により、ワイヤーモッコにて埋め戻し作業中

●ヒヤリ・ハットの内容
クレーンのフックが切梁に引っかかったため、外したところ、急に上昇し、ヘルメットのつばに当たった。

●対策
- ワイヤー等が引っかかった時は、常に反動があることを頭に入れ、無理に外さず、一度下げてから慎重に外す。
- クレーン運転手とよく打合せをして、合図を徹底する。

掘削作業中に、作業員と接触しそうになった

- **職種** 土工
- **起因物** 重機・クレーン作業
- **ヒヤリ・ハット分類** 機体・作業者接触
- **年齢（経験年数）** 29歳（9年）
- **発生日時** 平成25年8月―日―時頃
- **どんな場所で** 掘削作業箇所にて

- **どうしていた時** バックホウで床堀りをしていた時

●ヒヤリ・ハットの内容
掘削手元の作業員がオペに合図を送らずに立入禁止明示をしている中に入り、バックホウと接触しそうになった。

●対策
- 作業手順書の確認。
- 重機作業エリア内立入禁止。
- 重機の近くを通る場合は、合図を徹底する。

22

重機・
クレーン運転手

22 重機・クレーン運転手

斜面で重機を移動中に、転倒しそうになった ……… 143
鉄板を移動中に接触しそうになった ……………… 143
フックが外れ、鉄板の下敷きになりそうになった … 144
外したフックが引っかかり、材料を持ち上げた …… 144
敷鉄板がくずれ、作業員に接触しそうになった …… 145
安全帯が操作レバーにひっかかり、………………… 145
誤作動をおこした
重機作業中、地下ケーブルを切断しそうになった … 146
クレーン旋回中にワイヤーがあばれ、……………… 146
資材に接触した
重機が横転しそうになった …………………………… 147
重機で作業員をひきそうになった …………………… 147

斜面で重機を移動中に、転倒しそうになった

職種	重機運転手
起因物	重機・クレーン作業
ヒヤリ・ハット分類	墜落・転落
年齢(経験年数)	32歳(1年)
発生日時	平成25年9月13日16時40分頃
どんな場所で	場内土砂仮置場
どうしていた時	仮置土砂の上から作業終了時に、決められた場所に重機を移動しようとした時

●ヒヤリ・ハットの内容
重機は0.7m³B.Hで高さ3.0mの仮置場の土砂を雨じまいし、降りようとする時、前のめりになり転倒しそうになった。

●対策
- 重機の足元を安定勾配にして、無理な体勢で移動しない。
- 雨じまいは降りてから土羽打ちする。
- 重機の安全角度を把握する。

鉄板を移動中に接触しそうになった

職種	重機運転手
起因物	歩行・移動時
ヒヤリ・ハット分類	吊り荷接触
年齢(経験年数)	48歳(25年)
発生日時	平成25年7月11日14時頃
どんな場所で	会社置場
どうしていた時	バックホウで鉄板を吊り上げ、トラックに積込む時

●ヒヤリ・ハットの内容
鉄板が左右にゆれて、手元に当たりそうになった。

●対策
- MLクレーン仕様のバックホウを使用し、必ずMLモードにする。
- 重機作業エリア内立入禁止。
- 吊り荷に近づかない。
- 地切り後一旦停止し、吊り荷の安定を確認する。

フックが外れ、鉄板の下敷きになりそうになった

- **職種** クレーン運転手
- **起因物** 重機・クレーン作業
- **ヒヤリ・ハット分類** 吊り荷落下
- **年齢(経験年数)** 60歳(30年)
- **発生日時** 平成22年－月－日－時頃
- **どんな場所で** 宅地造成現場
- **どうしていた時** 敷鉄板の移動作業時

●ヒヤリ・ハットの内容
　敷鉄板にフックを掛け吊上げたところ、フックが外れ鉄板が落下しそうになった。

●対策
- 作業前にフックの点検実施（不良ではないか、強度確認等）。
- 吊り荷に近づかない。

外したフックが引っかかり、材料を持ち上げた

- **職種** クレーン運転手
- **起因物** 重機・クレーン作業
- **ヒヤリ・ハット分類** その他
- **年齢(経験年数)** 53歳(30年)
- **発生日時** 平成－年－月－日－時頃
- **どんな場所で** 地下通路工事にて
- **どうしていた時** クレーンにてH鋼荷下ろし後、次の荷へ移行する時に

●ヒヤリ・ハットの内容
　外したフックがH鋼に引っ掛かり、H鋼を持ち上げた。

●対策
- フックを巻き上げる時は、目視で確認する。
- 玉掛け者に確認を指示する。

敷鉄板がくずれ、作業員に接触しそうになった

職種	重機運転手
起因物	重機・クレーン作業
ヒヤリ・ハット分類	敷鉄板接触
年齢(経験年数)	48歳(30年)
発生日時	平成25年2月15日13時30分頃
どんな場所で	−
どうしていた時	敷鉄板を移動しようとバックホウのバケットで動かした時

●ヒヤリ・ハットの内容
敷鉄板から作業員を退避させたが、3枚が連動して動き、作業員に接触しそうになった。

●対策
- 動かそうとする方向と逆方向に離れて作業員を退避させ、慎重に操作する。
- 重機作業エリア内立入禁止。

安全帯が操作レバーにひっかかり、誤作動をおこした

職種	重機運転手
起因物	重機・クレーン作業
ヒヤリ・ハット分類	その他
年齢(経験年数)	40歳(22年)
発生日時	平成20年8月−日 −時頃
どんな場所で	既設道路 改良工事現場
どうしていた時	バックホウを移動させようとした時

●ヒヤリ・ハットの内容
安全帯が操作レバーにひっかかった状態を気が付かず、セイフティロックを解除しバックホウが暴走した。

●対策
- 重機オペレーターは重機運転前に安全帯をはずす。
- セイフティロック解除前に確認を行う。

22 重機・クレーン運転手

重機作業中、地下ケーブルを切断しそうになった

■ 職種	重機運転手
■ 起因物	重機・クレーン作業
■ ヒヤリ・ハット分類	機体・物接触
■ 年齢（経験年数）	66歳（44年）
■ 発生日時	平成25年6月−日 時頃
■ どんな場所で	高架下作業中
■ どうしていた時	基礎上げ作業中

●ヒヤリ・ハットの内容
地下ケーブルがあり、切断しそうになった。

●対策
・作業前に作業手順書を確認し、必ず試掘をする。

クレーン旋回中にワイヤーがあばれ、資材に接触した

■ 職種	クレーン運転手
■ 起因物	重機・クレーン作業
■ ヒヤリ・ハット分類	機体・物接触
■ 年齢（経験年数）	64歳（39年）
■ 発生日時	平成25年5月31日18時30分頃
■ どんな場所で	クローラ使用の現場内で
■ どうしていた時	旋回体が周囲に当たらないかを確認するため、クローラを旋回した時

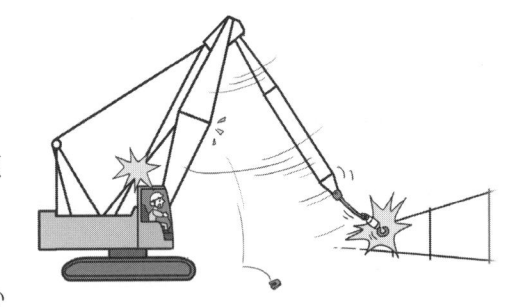

●ヒヤリ・ハットの内容
クローラ（タワー仕様）のジブをメインブームに抱き、ジブキャッチのワイヤーがぶら下がっていたまま旋回し、キャタピラに接触、ジブキャッチが解放され、そのままジブが前方に振り子のように飛んでいった。

●対策
・ジブをキャッチしたワイヤーのたるみを無くし、一番外になるフックを本体と連結し、ジブキャッチが外れてもジブが振り出されないように確実に固定し、指差呼称にてチェックする。

重機が横転しそうになった

職種	重機運転手
起因物	重機・クレーン作業
ヒヤリ・ハット分類	機体転倒・転落
年齢(経験年数)	56歳(33年)
発生日時	平成25年6月15日14時頃
どんな場所で	造成工事現場の法面で
どうしていた時	1割8分の法面を重機転圧していた時

●ヒヤリ・ハットの内容
　岩の上にキャタピラーが乗り上げたためにバランスを崩し、横向きになって法面を少しすべった。

●対策
・重機の足元を確認する。
・岩がある時は、事前にバックホウ等で取り除いてから、重機転圧を行う。

重機で作業員をひきそうになった

職種	重機運転手
起因物	重機・クレーン作業
ヒヤリ・ハット分類	機体・作業者接触
年齢(経験年数)	60歳(30年)
発生日時	平成 ー年 ー月 ー日 ー時頃
どんな場所で	宅地造成現場
どうしていた時	バックホウで宅盤整形作業中

●ヒヤリ・ハットの内容
　バックホウを後進させようとしたところ、後方1.5mぐらいのところにしゃがんでいた作業員をひきそうになった。

●対策
・重機作業エリア内の立入禁止措置を行う。
・全作業員を集め、バックホウの後方では作業しないことを周知する。
・重機を動かす前に、周囲に人がいないかを確認する。

23

車両運転手

23 車両運転手

ダンプバック時に作業員と接触しそうになった …… 151

バックホウで積込み中に
作業員と接触しそうになった …………………… 151

現場内でダンプと連絡車が接触しそうになった …… 152

現場内で作業車両と接触しそうになった ………… 152

鉄板上でタイヤがスリップした ………………… 153

ダンプバック時に作業員と接触しそうになった

- **職種** 車両運転手
- **起因物** 車両作業
- **ヒヤリ・ハット分類** 車両・作業者接触
- **年齢（経験年数）** 38歳（18年）
- **発生日時** 平成25年3月2日14時30分頃
- **どんな場所で** 車道上

- **どうしていた時** 10tダンプで合材を運搬し、バックでフィニッシャーにつける時

●ヒヤリ・ハットの内容
10tダンプバック時に、作業員が後方の死角に入って作業をしていた。

●対策
- 誘導員は、運転手から見える位置で合図を行う。
- 後方に人がいる場合は、車両を停車させて人払いをする。

バックホウで積込み中に作業員と接触しそうになった

- **職種** 車両運転手
- **起因物** 車両作業
- **ヒヤリ・ハット分類** 車両・作業者接触
- **年齢（経験年数）** 40歳（22年）
- **発生日時** 平成25年5月27日10時頃
- **どんな場所で** 体育館、南側ヤード

- **どうしていた時** 立入禁止区画を表示し、スクラップ積込時

●ヒヤリ・ハットの内容
スクラップ積込車両の裏側から、他職（作業員）が飛び出して来た。

●対策
- 車両前後に立入禁止区画を設置する。
- 監視員の配置をする。

現場内でダンプと連絡車が接触しそうになった

職種	車両運転手
起因物	車両作業
ヒヤリ・ハット分類	車両・車両接触
年齢(経験年数)	48歳(13年)
発生日時	平成25年8月21日10時30分頃
どんな場所で	重ダンプ走路と工事用道路との交差点
どうしていた時	重ダンプで土砂運搬作業中、工事用道路との交差点で連絡車と交差する時

●ヒヤリ・ハットの内容
連絡車が一時停止で止まらずに進行してきたので、衝突すると思い、重ダンプを止めて待機した。

●対策
- 交差点では優先等にかかわらず、左右確認を徹底する。
- 運転中は場内交通ルールを遵守する(工事車両優先)。

現場内で作業車両と接触しそうになった

職種	車両運転手
起因物	車両作業
ヒヤリ・ハット分類	車両・作業者接触
年齢(経験年数)	35歳(16年)
発生日時	平成25年8月26日11時頃
どんな場所で	土砂仮置場の清掃完了後
どうしていた時	散水車を降り、出入口に向かう途中

●ヒヤリ・ハットの内容
後方からきたミキサー車に接触しそうになった。

●対策
- 移動前は周囲をよく確認し行動する。

鉄板上でタイヤがスリップした

- **職種** 車両運転手
- **起因物** 車両作業
- **ヒヤリ・ハット分類** 車両・作業者接触
- **年齢(経験年数)** 一歳(一年)
- **発生日時** 平成一年一月一日一時頃
- **どんな場所で** 現場内

- **どうしていた時** 鉄板敷仮設道路を走行中

●ヒヤリ・ハットの内容
　ゆるいカーブ部分で、鉄板上に濡れた土砂が落ちていたため、スリップして人に接触しそうになった。

●対策
・鉄板上は、こまめに清掃する。

24

トンネル・シールド工

24 トンネル・シールド工

下半プレートのボルトが折れて落下しそうになった‥‥ 157

玉掛けスリングがすべって落下した‥‥‥‥‥‥‥‥ 157

ブレーカーが急に旋回してぶつかりそうになった‥‥‥ 158

ズリ出し中に接触しそうになった‥‥‥‥‥‥‥‥‥ 158

切羽で装薬時に直下に人がいた‥‥‥‥‥‥‥‥‥‥ 159

高所作業車で操作を誤まり激突しそうになった‥‥‥‥ 159

階段を踏み外して転倒しそうになった‥‥‥‥‥‥‥ 160

重機昇降時、泥ですべって転倒しそうになった‥‥‥‥ 160

ホースジョイントを外すとき
残圧で薬液をかぶりそうになった ‥‥‥‥‥‥‥‥‥ 161

発破（はっぱ）時に飛石が当たりそうになった‥‥‥‥ 161

シート台車上でシートにつまずいて転倒‥‥‥‥‥‥ 162

下半プレートのボルトが折れて落下しそうになった

■	職種	トンネル・シールド作業員
■	起因物	重機・クレーン作業
■	ヒヤリ・ハット分類	吊り荷落下
■	年齢(経験年数)	49歳(30年)
■	発生日時	平成24年9月3日9時頃
■	どんな場所で	トンネル工事
■	どうしていた時	クレーンで支保工を吊り上げ、建込位置に荷下しした時

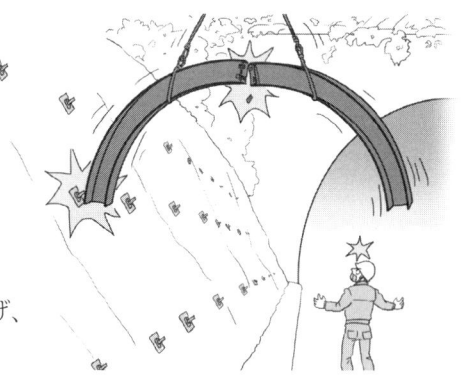

●ヒヤリ・ハットの内容
ロックボルトに下半プレートが当たり、センターボルトが折れて、支保工が重なり落ちそうになった。

●対策
・介しゃくロープを長くして、法面に当たらないよう吊り荷を下げる。
・センターボルトを確実に締めつける。

玉掛けスリングがすべって落下した

■	職種	トンネル・シールド作業員
■	起因物	重機・クレーン作業
■	ヒヤリ・ハット分類	吊り荷落下
■	年齢(経験年数)	49歳(30年)
■	発生日時	平成23年1月-日9時頃
■	どんな場所で	用水路補修
■	どうしていた時	支保工をスリングで玉掛けして、吊り上げた時

●ヒヤリ・ハットの内容
スリングがすべり、吊り荷がバランスを崩して、落ちて人に当たりそうになった。

●対策
・スリングを長くして、吊り角度を60°付近にする。
・吊り荷のバランスを地切りして確認する(3・3・3運動)。
・玉掛けの位置をバカ棒を作ってマーキングする。

24 トンネル・シールド工

ブレーカーが急に旋回してぶつかりそうになった

- **職種** トンネル・シールド作業員
- **起因物** 重機・クレーン作業
- **ヒヤリ・ハット分類** 機体・機体接触
- **年齢(経験年数)** 43歳(20年)
- **発生日時** 平成24年9月—日15時頃
- **どんな場所で** トンネル切羽
- **どうしていた時** バックホウ作業中

●ヒヤリ・ハットの内容
　ブレーカーが右旋回して、ブレーカーとバックホウが接触しそうになった。

●対策
・旋回時は、前後左右を確認してから行う。
・発進時はクラクション合図を必ず行う。
・重機同士の位置を確認して作業する。

ズリ出し中に接触しそうになった

- **職種** トンネル・シールド作業員
- **起因物** 車両作業
- **ヒヤリ・ハット分類** 車両・作業者接触
- **年齢(経験年数)** 36歳(12年)
- **発生日時** 平成—年—月—日—時頃
- **どんな場所で** 坑内
- **どうしていた時** ズリ出し中

●ヒヤリ・ハットの内容
　坑内安全通路外を歩いている人がいた。

●対策
・反射チョッキや電池で光るチョッキを着用する。
・作業ヤードを明示する。
・ズリ出し中は歩いて中に入らない。

切羽で装薬時に直下に人がいた

- 職種　　　　　トンネル・シールド作業員
- 起因物　　　　高所作業車使用
- ヒヤリ・ハット分類　飛散・落下
- 年齢(経験年数)　46歳(25年)
- 発生日時　　　平成 −年 −月 −日 −時頃
- どんな場所で　トンネル切羽
- どうしていた時　切羽にて装薬時

●ヒヤリ・ハットの内容
バスケット上の作業員が、声を掛けずに石を下に落し、下部で装薬していた人に当たりそうになった。

●対策
- 上から物や石が落ちそうな時は、下部作業員に声を掛け、安全な場所に移動したことを確認してから落とす。
- バスケット下で作業はしない。

高所作業車で操作を誤まり激突しそうになった

- 職種　　　　　トンネル・シールド作業員
- 起因物　　　　高所作業車使用
- ヒヤリ・ハット分類　作業床手すり・外部挟まれ
- 年齢(経験年数)　38歳(11年)
- 発生日時　　　平成25年6月20日11時20分頃
- どんな場所で　トンネル内
- どうしていた時　トンネル内の壁を高所作業車で清掃していた時

●ヒヤリ・ハットの内容
高所作業車で壁を清掃時、上に移動し、下に下げようとした時に、操作を誤り天井にぶつかりそうになった。

●対策
- 移動時は操作方法を確認してから移動する。

階段を踏み外して転倒しそうになった

■職種	トンネル・シールド作業員
■起因物	昇降（階段等）時
■ヒヤリ・ハット分類	つまずき・転倒
■年齢(経験年数)	40歳（6年）
■発生日時	平成25年8月31日10時00分頃
■どんな場所で	トンネル内
■どうしていた時	階段、昇降時

●ヒヤリ・ハットの内容
　階段を踏み外し、転倒しそうになった。

●対策
・足元を注意、確認して作業する。

重機昇降時、泥ですべって転倒しそうになった

■職種	トンネル・シールド作業員
■起因物	昇降（階段等）時
■ヒヤリ・ハット分類	つまずき・転倒
■年齢(経験年数)	41歳（12年）
■発生日時	平成 −年 −月 −日 −時頃
■どんな場所で	切羽
■どうしていた時	ホイールジャンボ昇降時

●ヒヤリ・ハットの内容
　階段を踏み外し、転倒しそうになった。

●対策
・靴底の泥は、落としてから昇降する。
・足元をよく確認して昇降する。

ホースジョイントを外すとき残圧で薬液をかぶりそうになった

職種	トンネル・シールド作業員
起因物	その他
ヒヤリ・ハット分類	飛散・落下
年齢(経験年数)	54歳(18年)
発生日時	平成 −年 −月 −日 −時頃
どんな場所で	トンネル内
どうしていた時	薬液注入時

●ヒヤリ・ハットの内容
ホースのジョイントを外そうとしたとき残圧があり、薬液をかぶりそうになった。

●対策
・保護具を着用する。

発破(はっぱ)時に飛石が当たりそうになった

職種	トンネル・シールド作業員
起因物	その他
ヒヤリ・ハット分類	飛散・落下
年齢(経験年数)	43歳(18年)
発生日時	平成 −年 −月 −日 −時頃
どんな場所で	点火場所
どうしていた時	発破(はっぱ)作業時

●ヒヤリ・ハットの内容
飛石が左足に当たりそうになった。

●対策
・点火後、すぐに飛び出さない。

シート台車上でシートにつまずいて転倒

- **職種** トンネル・シールド作業員
- **起因物** その他
- **ヒヤリ・ハット分類** つまずき・転倒
- **年齢（経験年数）** 48歳（1.5年）
- **発生日時** 平成25年8月27日15時頃
- **どんな場所で** シート台車上
- **どうしていた時** シート張り時

●ヒヤリ・ハットの内容
　シートにつまずいて、転倒しそうになった。

●対策
・足元の確認をする。

25

プラント運転管理

25 プラント運転管理

プラントのタラップですべりそうになった ………… 165

配管につまずき転倒した ……………………… 165

プラントのタラップですべりそうになった

職種	プラント運転管理
起因物	昇降（階段等）時
ヒヤリ・ハット分類	つまずき・転倒
年齢（経験年数）	62歳（一年）
発生日時	平成25年8月20日7時30分頃
どんな場所で	濁水プラント
どうしていた時	プラントシックナーに上ろうとしていた時

●ヒヤリ・ハットの内容
コンクリート足場がぬるぬるしていて、タラップですべりそうになった。

●対策
・ハイウォッシャー等で足場のコンクリート面の清掃をする。

配管につまずき転倒した

職種	プラント運転管理
起因物	歩行・移動時
ヒヤリ・ハット分類	つまずき・転倒
年齢（経験年数）	60歳（2年）
発生日時	平成25年4月18日15時30分頃
どんな場所で	プラント内
どうしていた時	見回り中

●ヒヤリ・ハットの内容
配管につまずき転倒。

●対策
・配管の上に道板で通路を作る。

26
鍛冶工

26 鍛冶工

ベビーサンダーの電源が入りっぱなしで................... 169
ヒヤッとした

溶接機のホルダーが雨で濡れてしまった............... 169

溶接カスが目に飛んで来た.............................. 170

サンダーのスイッチがONのまま 170
コンセントを差した

ガス切断の火でヤケドしそうになった................. 171

ベビーサンダーの電源が入りっぱなしでヒヤッとした

- **職種** 鍛冶工
- **起因物** 工具・資材
- **ヒヤリ・ハット分類** 切創・刺創
- **年齢（経験年数）** 41歳（22年）
- **発生日時** 平成25年8月10日14時頃
- **どんな場所で** 作業場にて
- **どうしていた時** プレートを切断し、サンダー仕上げを行っている時

●ヒヤリ・ハットの内容
延長コードに繋いだ際、スイッチがONの状態になったままで、急にディスクが回転した。

●対策
- コードを繋ぐ前にスイッチがOFFになっていることを確認する。
- 万が一急にディスクが回転しても手に触れない所を持つ。

溶接機のホルダーが雨で濡れてしまった

- **職種** 鍛冶工
- **起因物** 工具・資材
- **ヒヤリ・ハット分類** 感電
- **年齢（経験年数）** 33歳（11年）
- **発生日時** 平成25年7月1日13時頃
- **どんな場所で** 土間スラブ上
- **どうしていた時** 柱の建込みをしている時

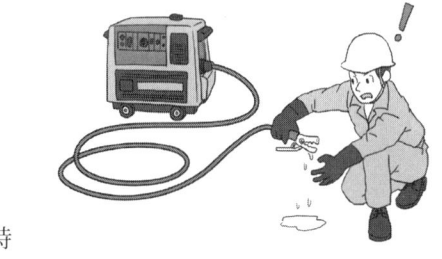

●ヒヤリ・ハットの内容
使用予定だった溶接器のホルダーが雨でぬれてしまった。

●対策
- 雨の時のホルダーの保護。
- ぬれているホルダーの使用禁止。

溶接カスが目に飛んで来た

職種	鍛冶工
起因物	工具・資材
ヒヤリ・ハット分類	飛散・落下
年齢(経験年数)	35歳(5年)
発生日時	平成25年5月22日13時30分頃
どんな場所で	社内の敷地
どうしていた時	オーガーヘット処理中
	※肉もり溶接

●ヒヤリ・ハットの内容
　肉もり溶接終了後、溶接確認のためチッピングハンマーで叩いたら、カスが目に飛び込んで来た。

●対策
・保護メガネ、マスクを使用する。

サンダーのスイッチがONのままコンセントを差した

職種	鍛冶工
起因物	工具・資材
ヒヤリ・ハット分類	切創・刺創
年齢(経験年数)	43歳(8年)
発生日時	平成25年8月19日15時頃
どんな場所で	かじ場
どうしていた時	サンダー使用前

●ヒヤリ・ハットの内容
　コンセントを差した途端、サンダーが動き出した。

●対策
・使用前にサンダーのスイッチを確認する。

ガス切断の火でヤケドしそうになった

- **職種** 鍛冶工
- **起因物** 工具・資材
- **ヒヤリ・ハット分類** 火傷
- **年齢（経験年数）** 33歳（18年）
- **発生日時** 平成25年9月1日11時30分頃
- **どんな場所で** 現場内
- **どうしていた時** ガスで切断していた

●ヒヤリ・ハットの内容
切断機のトーチを自分の方に向けて、ヤケドしそうになった。

●対策
- 火口は人のいない方に向けて使用する。
- 手元の確認をして作業する。
- 無理のない姿勢で作業する。

27

その他

27 その他

階段を下りる時、転倒しそうになった ……………… 175

単管に頭をぶつけそうになった ………………… 175

手すりが外れて落ちそうになった ……………… 176

足がすべって転倒しそうになった ……………… 176

つまずいて車道に飛び出しそうになった ………… 177

釘を足で踏んでしまった ……………………… 177

開口部から落ちそうになった …………………… 178

階段を下りる時、転倒しそうになった

■ 職種	－
■ 起因物	昇降（階段等）時
■ ヒヤリ・ハット分類	墜落・転落
■ 年齢（経験年数）	59歳（43年）
■ 発生日時	平成25年8月2日 －時頃
■ どんな場所で	昇降階段で
■ どうしていた時	道具を持って昇降階段を降りた時

●ヒヤリ・ハットの内容
　足元が見えなくて、スリップし転倒しそうになった。

●対策
・足元が見えるように道具を持つ。

単管に頭をぶつけそうになった

■ 職種	－
■ 起因物	昇降（階段等）時
■ ヒヤリ・ハット分類	障害物・作業者接触
■ 年齢（経験年数）	55歳（30年）
■ 発生日時	平成24年9月11日14時頃
■ どんな場所で	昇降階段
■ どうしていた時	昇降階段を昇っていた時

●ヒヤリ・ハットの内容
　壁つなぎの単管が昇降階段まではね出していたため、頭をぶつけそうになった。

●対策
・頭上注意等の標示を行う。
・頭上には常に意識を持つ。

27 その他

手すりが外れて落ちそうになった

■ 職種	－
■ 起因物	歩行・移動時
■ ヒヤリ・ハット分類	墜落・転落
■ 年齢(経験年数)	49歳(30年)
■ 発生日時	平成23年 －月 －日 －時頃
■ どんな場所で	外部足場
■ どうしていた時	足場の階段を通行中

●ヒヤリ・ハットの内容
　階段の手すりをつかんだ時、手すりが外れて落ちそうになった。

●対策
・足場を点検する。

足がすべって転倒しそうになった

■ 職種	－
■ 起因物	歩行・移動時
■ ヒヤリ・ハット分類	つまずき・転倒
■ 年齢(経験年数)	55歳(25年)
■ 発生日時	平成23年6月 －日15時頃
■ どんな場所で	現場内の鉄板上
■ どうしていた時	雨が降り出して電動工具を片付けようとした時

●ヒヤリ・ハットの内容
　水たまりを飛び越えようとして足がすべり、転びそうになった。

●対策
・急がずに足元に注意を払う。

つまずいて車道に飛び出しそうになった

- **職種** 　—
- **起因物** 　歩行・移動時
- **ヒヤリ・ハット分類** 　つまずき・転倒
- **年齢(経験年数)** 　—歳(25年)
- **発生日時** 　平成25年5月 —日8時30分頃
- **どんな場所で** 　現場内搬入ゲート
- **どうしていた時** 　移動通行時

●ヒヤリ・ハットの内容
　ゲート下のワイヤーにつまずいて、車が通る道路面に飛び出した。

●対策
　・ゲート付近では足元を確認する。
　・搬入以外は通行しない。

釘を足で踏んでしまった

- **職種** 　—
- **起因物** 　歩行・移動時
- **ヒヤリ・ハット分類** 　切創・刺創
- **年齢(経験年数)** 　19歳(1年)
- **発生日時** 　平成25年3月12日16時50分頃
- **どんな場所で** 　階段踊り場
- **どうしていた時** 　作業終了前の片付け場へ移動中

●ヒヤリ・ハットの内容
　板に付いていた釘を右足で踏んだ。

●対策
　・移動する時は、必ず足元を確認する。
　・釘の踏み抜き防止の安全靴をはく。

開口部から落ちそうになった

職種	―
起因物	その他
ヒヤリ・ハット分類	墜落・転落
年齢（経験年数）	29歳（1年）
発生日時	平成25年7月16日16時頃
どんな場所で	開口部近辺
どうしていた時	ポストをついていた時 （上部に気を取られていた）

●ヒヤリ・ハットの内容

荷上げ時に開口部のふたを開け、そのまま作業していたら、急に足元を取られそうになった。

●対策

・荷上げを終えた時は、すぐに開口部のふたを閉める。

※本書では、法令用語である「墜落制止用器具」を従来の呼称である「安全帯」として表記している部分があります。これは「安全帯」という言葉が、現場に定着していて、活動時等に馴染むものと考えての対応です。

建設現場のヒヤリ・ハット事例集

2014年 7月31日　初版
2024年11月29日　初版5刷

編　　集	熊谷組安全衛生協力会
製　　作	株式会社プラネックス
発　行　所	株式会社労働新聞社
	〒173-0022　東京都板橋区仲町29-9
	TEL：03-5926-6888（出版）　03-3956-3151（代表）
	FAX：03-5926-3180（出版）　03-3956-1611（代表）
	https://www.rodo.co.jp　　pub@rodo.co.jp
表　　紙	尾﨑 篤史
印　　刷	モリモト印刷株式会社

ISBN 978-4-89761-522-6

落丁・乱丁はお取替えいたします。
本書の一部あるいは全部について著作者から文書による承諾を得ずに無断で転載・複写・複製することは、著作権法上での例外を除き禁じられています。

私たちは、働くルールに関する情報を発信し、経済社会の発展と豊かな職業生活の実現に貢献します。

労働新聞社の定期刊行物・書籍の御案内

人事・労務・経営、安全衛生の情報発信で時代をリードする

「産業界で何が起こっているか？」労働に関する知識取得にベストの参考資料が収載されています。

週刊　労働新聞

※タブロイド判・16ページ
※月4回発行
※購読料：税込46,200円（1年）
　　　　　税込23,100円（半年）

- ●安全衛生関係も含む労働行政・労使の最新の動向を迅速に報道
- ●労働諸法規の実務解説を掲載
- ●個別企業の賃金事例、労務諸制度の紹介
- ●職場に役立つ最新労働判例を掲載
- ●読者から直接寄せられる法律相談のページを設定

購読者が無料で利用できる
労働新聞　安全スタッフ　電子版
をご活用ください！
PC、スマホ、タブレットで
いつでも閲覧・検索ができます

安全・衛生・教育・保険の総合実務誌

安全スタッフ

※B5判・58ページ
※月2回（毎月1日・15日発行）
※購読料：税込46,200円（1年）
　　　　　税込23,100円（半年）

- ●産業安全をめぐる行政施策、研究活動、業界団体の動向などをニュースとしていち早く報道
- ●毎号の特集では安全衛生管理活動に欠かせない実務知識や実践事例、災害防止のノウハウ、法律解説、各種指針・研究報告などを専門家、企業担当者の執筆・解説と編集部取材で掲載
- ●「実務相談室」では読者から寄せられた質問（人事・労務全般、社会・労働保険等に関するお問い合わせ）に担当者が直接お答えします！
- ●連載には労災判例、メンタルヘルス、統計資料、読者からの寄稿・活動レポートがあって好評

職長の能力向上のために 第3版

職長に必要な基礎知識の再確認およびリスクアセスメントの進め方、ヒューマンエラー防止活動、また、職長としての悩み・困ったことを解決した各種優良事例を紹介したうえで、職長が部下の作業員をどのように指導・教育したらよいのかについて、わかりやすく解説しています。
ベテラン職長に対してのフォローアップ教育と能力向上のためのテキストとしてご活用ください。

【書籍】
※B5判・224ページ
※税込1,650円

上記の定期刊行物のほか、「出版物」も多数
労働新聞社　ホームページ　https://www.rodo.co.jp/

労働新聞社

〒173-0022　東京都板橋区仲町29-9　TEL 03-3956-3151　FAX 03-3956-1611